多旋翼无人机的制作与飞行

戴凤智　太俊杰　边 策　主编

化学工业出版社

·北京·

内容简介

本书共6章，内容包括飞行器与无人机的分类及应用场景，多旋翼无人机的硬件组成和飞行原理，六旋翼无人机的组装与飞控系统的调试，对无人机的操控，以及无人机在安装、存放与操控时遇到的常见问题及解决方法。

本书配有音视频和配套演示文稿（PPT）电子课件，通过扫描书中相应的二维码可获取详细内容。

本书可作为高等院校自动化类、电子信息类、机器人工程等相关专业的实践类课程教材，也可作为中等、高等职业院校无人机专业的教材，还可以作为培养科学素质、指导无人机初学者的入门教材使用。

配套PPT

图书在版编目（CIP）数据

多旋翼无人机的制作与飞行 / 戴凤智，太俊杰，边策主编. -- 北京 : 化学工业出版社，2024. 10.

ISBN 978-7-122-46303-6

Ⅰ. V279

中国国家版本馆CIP数据核字第2024CF2414号

责任编辑：周　红　　文字编辑：袁　宁

责任校对：王　静　　装帧设计：王晓宇

出版发行：化学工业出版社

（北京市东城区青年湖南街13号　邮政编码100011）

印　　装：北京瑞禾彩色印刷有限公司

710mm×1000mm　1/16　印张$10^1/_4$　字数131千字

2025年1月北京第1版第1次印刷

购书咨询：010-64518888　　售后服务：010-64518899

网　　址：http://www.cip.com.cn

凡购买本书，如有缺损质量问题，本社销售中心负责调换。

定　　价：69.80元

编写人员名单

主　编： 戴凤智　太俊杰　边　策

参　编： 王佳鑫　陈柯名　李宝全
游国栋　宋运忠　刘玉良
强晓永　高一婷　白瑞峰
郭建川　刘　岩　牛　弘
戴　晟

序言

千百年来，人类为探索浩瀚宇宙付出越来越多的努力，走得越来越远。而当我们在面对天空的无限可能时，无人机技术以其独特的魅力和巨大的应用潜力，正逐步改变着我们的世界，改变着战争模式，改变着我们在农业、电力、城市治理各个领域的经营模式。它如同一颗璀璨的星辰，在广袤的天空中熠熠生辉。2023 年 12 月的中央经济工作会议上，明确提出“以科技创新引领现代化产业体系建设”，大力发展以无人机为主通航融合的低空经济，是一种容纳并推动多领域协调发展的综合经济形态，是新质生产力中的创新性工业革命，更是培育发展新动能的重要方向，具有万亿市场规模。当地面已经拥挤不堪的时候，空中经济和发展将大行其道。

在海量的无人机设备中，四旋翼和六旋翼无人机作为支柱成员，凭借其卓越稳定性、操控灵活性、大载重能力和复合挂载优势，已成为科研、军事、商业以及休闲娱乐等多个领域的新宠。然而要想驾驭这一先进的科技产物，仅凭对其操作的热情是远远不够的，需要深入理解其工作原理、组调测试、操作技巧及应用场景，因此编写出版一本全面而深入地介绍多旋翼无人机的图书显得尤为重要和迫切。本书正是基于这样的目的编写而成，从飞行器的分类和场景谈起，详细介绍旋翼无人机的结构组成、飞行原理、控制系统等基础知识，再深入到安装存放、维护保养、故障排查等实用内容。戴凤智老师及其团队在业内沉淀多年，非常擅长通过深入浅出的讲解、丰富翔实的案例以及前沿的技术动态为读者打开一扇通往旋翼无人机世界的大门，相信无论是对无人机技术感兴趣的普通读者，还是在无人机领域深耕细作的操作者或研发工程师，都能在本书中找到有价值的信息和知识，成为你不可或缺的良师益友。

最后，我要感谢本书的作者和所有为以无人机为主的低空经济事业默默奉献的人们。是你们的智慧和汗水，让无人机产业得以飞速发展，让我们的生活因科技而更加精彩。愿这本书能够成为连接你我、共筑梦想的桥梁，让我们携手共进，共创低空经济的辉煌未来！

广东智能交通协会 副会长

中国测绘学会智慧城市工作委员会 委员

全国无人机协会互助合作联盟 常务理事

广东北研航空遥感科技有限公司 董事长

張宝年

2024年9月

前言
PREFACE

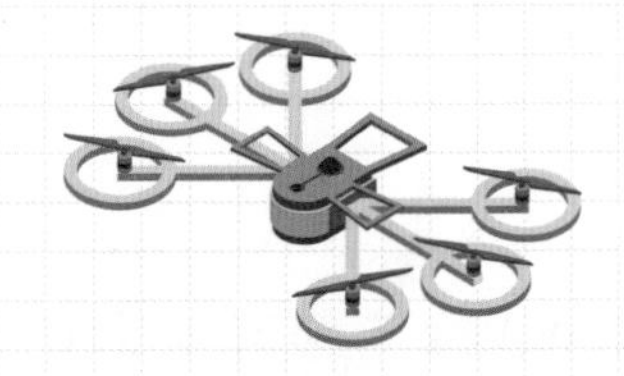

我们在年少的时候，是不是都有一个像鸟儿一样在空中自由翱翔的梦想?幻想着能够有一天插上翅膀遨游蓝天，俯瞰大地。

构思本书的时候正值 2023 年初秋，外面还很燥热。我们想静静地将慢慢积累起来的有关无人机制作和比赛的经验做一个小结。天津科技大学戴凤智人工智能与机器人团队在 2018 年与化学工业出版社合作出版了《四旋翼无人机的制作与飞行》，直到现在还有众多读者与我们联系并反馈该书的信息，同时建议我们继续编写新的内容。而现在随着低空经济产业发展规划的提出以及无人机技术的发展，无人机的应用场景也越来越广泛，每一位无人机爱好者都非常振奋。为此，我们编写了这本《多旋翼无人机的制作与飞行》教材。

党的二十大提出了“深入实施人才强国战略”，按照“培养造就大批德才兼备的高素质人才，是国家和民族长远发展大计”的要求，编写新教材是必需的，也是紧迫的。

同时，党的二十大提出“实施科教兴国战略，强化现代化建设人才支撑”，指出要“开辟发展新领域新赛道，不断塑造发展新动能新优势”，并且要“加强基础学科、新兴学科、交叉学科建设，加快建设中国特色、世界一流的大学和优势学科”。

无人机系统正是以人工智能算法和机器人控制技术相结合为核心的关键

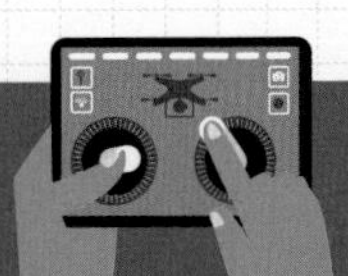

技术之一。因此学习并掌握无人机的基础知识、原理和操控方法，可以为载人航天、探月探火、深海深地探测、卫星导航等国家提出的战略性新兴产业的发展壮大提供有力支撑。

无人机爱好者们都希望通过学习无人机的相关知识后亲手制作出一台无人机，这就要面对如下问题：无人机的硬件都由哪几部分组成？如何选择无人机的各种零部件？如何组装一台无人机？如何调试并操控无人机？

本书就是为帮助读者解决上述问题而编写的。全书共分 6 章，内容和整体结构安排如下。

第 1 章和第 2 章由戴凤智、王佳鑫、白瑞峰、牛弘编写。在介绍各种飞行器之后，对飞行器中的无人机的发展历史、无人机的分类以及无人机的应用领域做了进一步的说明，以此来激发读者的阅读兴趣，让读者能够更好地了解和学习无人机制作。

第 3 章由边策、陈柯名、刘玉良、强晓永编写。介绍无人机的硬件组成、硬件配置和四旋翼与六旋翼无人机的飞行原理。通过这章的学习，读者能够学会如何选择和搭配无人机的各种零部件，为下一章学习怎样组装无人机打基础。

第 4 章和第 5 章由太俊杰、刘岩、李宝全、戴晟编写。分别介绍了六旋翼无人机的组装与飞行操作。安排这两章的目的是让读者逐步学会六旋翼无人机的组装步骤和控制无人机飞行的操作方法。

第 6 章由太俊杰、郭建川、游国栋、宋运忠、高一婷编写。给出了无人

机在装机、操控和保养、调试与试飞过程中可能遇到的问题和相应的解决方法，可以作为资料供随时查阅参考。

为方便读者学习，本书配套了音视频和配套演示文稿（PPT）等资源，读者通过扫描书中相应的二维码可以获取详细内容。

本书是在中国仿真学会机器人系统仿真专业委员会、中国自动化学会普及工作委员会和天津市机器人学会的指导下完成的。本书在编写和修改过程中，得到了国家自然科学基金（52378254），天津大学 2022—2023 年新工科新形态教学资源建设项目（玩转科技劳动实践），河南理工大学研究生教改课题“交叉学科维度下研究生学术品位提升研究”（2022YJ17），天津市普通高等学校本科教学改革与质量建设研究计划项目（B231005702），天津科技大学教育教学改革研究课题（KY202304）的资助和北京富城航旅科技有限公司、天津天科智造科技有限公司的指导与技术支持。

如果您对本书在编写和内容方面有什么疑问，可以发邮件到 daifz@163.com 联系我们。

由于我们水平有限，书中难免存在不足，敬请各位读者批评指正。

编者

配套 PPT

目录 Contents

录

Contents

目录 Contents

第1章 飞行器的故事

1.1 飞行器的诞生

在我们小的时候，每当仰望天空时是不是都有过这样一个梦想，那就是幻想着自己在空中像鸟儿一样自由地飞翔。我们在放风筝的时候，是不是也将自己的思想寄托到了各式各样的在空中飞舞的风筝之上。

人没有翅膀，但我们渴望长出翅膀在空中翱翔。这一想法自古有之，大约在战国至西汉时期成书的《山海经·海外南经》里就有了长翅膀的羽民记载。而山东嘉祥县武氏石室是距今约1800多年前的后汉武氏坟墓，在石室中有两翼和四翼飞人的石刻壁雕。特别是自公元4世纪以来形成的敦煌壁画中，绘有许多闻名于世的“飞天”形象。嫦娥奔月更是妇孺皆知的神话传说，“羿请不死之药于西王母，姮娥窃以奔月”（《淮南子·览冥训》）。可见人类一直都有一个飞向蓝天的愿望。

虽然人无法飞翔，但人有伟大的思想去思考，也有勤劳的双手去实践。作为世界的文明古国之一，我们的祖先很早就认识到风和空气动力的作用，并且通过实践创造出了各种利用空气动力的器械来满足飞行的愿望。例如

“风筝”“竹蜻蜓”“走马灯”等都随着对外贸易的往来流传到了国外。世界公认的最古老的飞行器是中国古代的风筝（图 1-1），它成了现代飞行器的原始雏形。

图 1–1　风筝

相传 2000 多年前战国时代的列子利用上升气流的作用驾风而行。《庄子·逍遥游》就记载了这件事：“夫列子御风而行，泠然善也。”在明朝初期，陶成道是第一个想到利用火箭飞天的人，被称为“世界航天第一人”。他把 47 个自制的火箭绑在椅子上，自己坐在上面，双手举着 2 只大风筝，然后叫人点火发射。他设想利用火箭的推力再加上风筝的力量飞起。不幸火箭爆炸，他也为此献出了生命。为了纪念他，国际天文学联合会将月球上的一座环形山以他的名字命名。

现代意义上的飞行器的发展得益于工业革命带来的科学和技术的巨大进步，特别是内燃机的发明和广泛应用使得空中之旅成为可能。1903 年 12 月 17 日，美国的莱特兄弟首次试飞了完全受控、依靠自身动力、机身比空气重，并且能够持续滞空不落地的飞机，也就是世界上第一架飞机——“飞行者一号”（图 1-2）。

飞行器的研制和试飞成功彻底改变了人类的交通、经济、军事等各领域和日常生活。

图 1-2　莱特兄弟制造的第一架飞机——“飞行者一号”

1.2　飞行器的分类

简而言之，飞行器（flight vehicle）是指在大气层内或大气层外空间（太空）飞行的器械。因此按照飞行高度的不同可以分为如下两类：

- 在大气层内的航空器（例如我们所说的飞机）；
- 在大气层外的航天器（例如宇宙飞船）。

有时候我们还将既可以用于大气层中，又可以在外太空飞行的火箭和导弹单独区分开来。

1.2.1　在大气层内飞行的航空器

航空器（aircraft）是指能在大气层内飞行的飞行器，包括气球、飞艇，以及各类飞机。

我们知道，能在大气层内进行可控飞行的各种航空器都必须存在一个大于自身重力的向上的推力，只有这样才能升入空中。因此根据航空器自身与空气的密度，航空器又可以分为两类（见图 1-3）：轻于空气的航空器和重于空气的航空器。前者靠空气静浮力就可以升空，而后者必须依靠空气动力学由外部产生的推力才能克服自身重力升空。

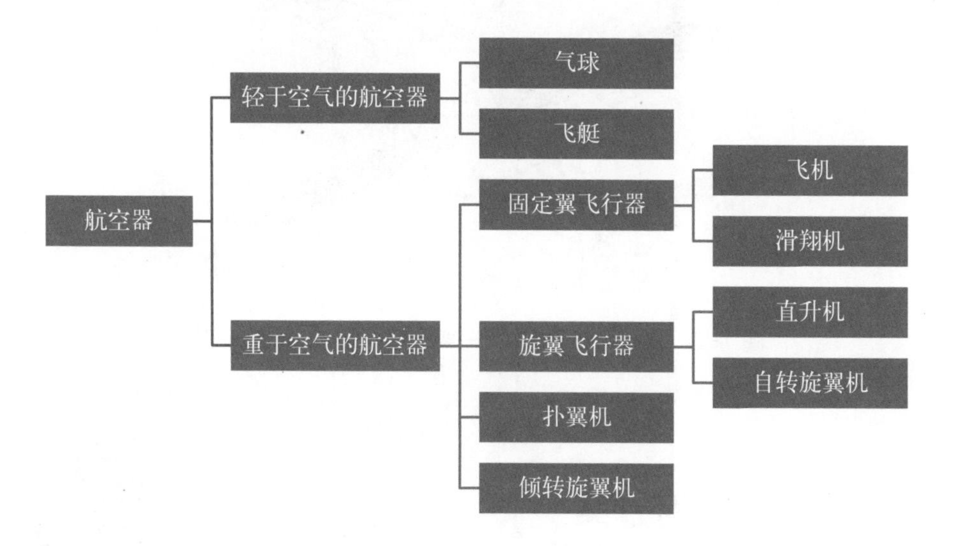

图 1-3　航空器的分类

（1）轻于空气的航空器

这类航空器的主体是一个气囊，在气囊内充入密度比空气小得多的气体（例如氢或氦），利用大气的浮力就能够使航空器升空。常见的气球和飞艇（见图 1-4）都是自身重量轻于空气浮力的航空器，它们的区别是气球没有

图 1-4　飞艇

动力装置，因此气球升空后只能随风飘动或者被线绳系留在某一个固定位置上，而飞艇装有发动机，所以能够控制飞艇的飞行方向和路线。

（2）重于空气的航空器

重于空气的航空器升空所需的升力是由其自身与空气相对运动产生的。在图 1-3 中，重于空气的航空器主要包括以下几类。

① 固定翼飞行器：是指由机身的固定翼产生升力，在大气层内飞行的密度大于空气的航空器。飞机是最主要的、应用范围最广的固定翼飞行器，它的特点是装有提供拉力和推力的动力装置，由动力装置产生前进的推力或拉力，由此产生升力并能够控制飞行姿态。飞机按照所使用的发动机类型又可分为喷气飞机和螺旋桨飞机。与飞机不同，滑翔机在升高后无需额外动力而靠自身重力在飞行方向上产生的分力就能够向前滑翔（现在也有一些滑翔机安装了小型发动机）。

② 旋翼飞行器：也叫旋翼航空器，是由旋转的旋翼产生空气动力。在旋翼飞行器中，直升机是我们所熟知的，它的旋翼由发动机驱动，升力和水平运动所需的拉力都由旋翼产生。本书内容也是针对六旋翼无人机的制作与操控而编写的。

③ 扑翼机：扑翼机又名振翼机。它是模仿鸟类飞行而制造的一种仿生式航空器（见图 1-5），用像飞鸟翅膀那样扑动的翼面产生升力和拉力。现在已经有了尺寸如蜻蜓、蚊蝇等大小的仿生式扑翼机，用于科学研究和军事等领域。

图 1-5　扑翼机

④ 倾转旋翼机：这是一种同时具有旋翼和固定翼，并在机翼两侧翼梢处各安装有一套可在水平和垂直位置之间转动的可倾转旋翼系统的航空器，如图 1-6 所示。这种设计使得它兼具旋翼和固定翼飞行器的优点，因此应用前景十分看好。在无人机起飞、降落和空中悬停时可以依靠多旋翼来完成，因此不需要借助跑道。而在空中长距离飞行时就可以将旋翼倾转收回到机体内部，只使用固定翼来完成飞行，这样可以减少多旋翼的能源消耗，进而有效地延长续航时间和里程。图 1-6（b）是笔者团队研发的可变形固定翼与多旋翼混合布局无人机，该成果获得了第十五届“挑战杯”全国大学生课外学术科技作品竞赛二等奖。

(a)一种倾转旋翼机

(b)笔者团队研发的可变形固定翼与多旋翼混合布局无人机

图 1-6 倾转旋翼机

1.2.2 在大气层外空间飞行的航天器

航天器（spacecraft），又称空间飞行器或者太空飞行器。它按照天体力学的规律在太空中飞行，执行探索、开发、利用太空和天体等的特殊任务。

世界上第一个航天器是苏联发射的“人造地球卫星 1 号”，而第一个载人航天器是苏联航天员加加林乘坐的“东方号”飞船。第一个把人送到月球上的航天器是美国“阿波罗 11 号”飞船，第一个兼有运载火箭、航天器和飞机特征的飞行器是美国“哥伦比亚号”航天飞机。

1970 年 4 月 24 日，中国首枚运载火箭长征一号搭载着中国首颗人造地球卫星东方红一号成功发射，这也是中国航天日的由来。

1972 年 3 月，美国发射了“先驱者 10 号”探测器。它在 1986 年 10 月越过冥王星的平均轨道，成为第一个飞出太阳系的航天器。

航天器使人类的活动范围从地球的大气层内扩展到了广阔无垠的宇宙空间，这是人类认识和开发宇宙能力的飞跃。与只能在大气层内飞行的航空器相比，能够飞出大气层的航天器具有如下不可替代的特征。

① 由于航天器摆脱了地球磁场和大气层的影响，因此可以接收更多的宇宙电磁辐射信息用于研究。

② 航天器从近地空间飞行到行星际空间，能够对月球和太阳系的行星进行近距离观测和直接取样。而且利用太空的高真空、强辐射和失重等特殊环境，可以在航天器上进行各种重要的科学实验研究。

③ 环绕地球运行的航天器可以利用有效的太空位置优势迅速而大量地收集有关地球大气、海洋和陆地的各种信息，直接服务于气象观测、军事侦察和资源考察等领域。

④ 人造地球卫星作为空间无线电的中继站，实现了全球卫星的通信和广播。而作为空间基准点，又可以进行全球卫星导航和大地测量。

需要说明的是，航天器为了完成航天任务，就必须与航天运载器、航天器发射场和回收设施、航天测控和数据采集网，以及用户台站（网）等互相配合与协调，它们共同构成了完整的航天系统。

航天器与在大气层内飞行的航空器还有一点不同，就是航天器需要在运载火箭的推动下，在达到一定的速度后才能脱离地球引力而飞向太空。

1.2.3 火箭和导弹

前面已经提到，火箭和导弹是既可以在大气层内，又可以在大气层外使用的一类特殊的飞行器。

火箭（rocket）是利用火箭发动机喷射工作介质（简称为工质）所产生的巨大反作用力向前推进的飞行器。它自身携带全部推进剂，因此不依赖外界工质产生推力。火箭可以在稠密的大气层内，也可以在大气层外飞行，是实现航天飞行的运载工具。如图 1-7 所示，就是以火箭为推进器将卫星等航天器发射升空的场景。

图 1-7 火箭发射升空

火箭最先是作为一种武器被应用到军事上的。早期的火箭武器在发射出去之后就不再受到控制。这种被称为火箭弹的无控火箭武器命中目标的精度较差、作战效率不高，因此威力有限。为了提高武器的命中精度，就在火箭上安装了控制设备，成了所说的“导弹”。

导弹（missile）是一种携带战斗部（或弹头），依靠自身动力装置推进并由制导系统导引飞行航迹，最终能够摧毁设定目标的飞行器武器。导弹通常由战斗部、控制系统、发动机装置和弹体等组成。导弹武器突出的特点是射程远、精度高、威力大、突防能力强。

1.3　本章小结

“我是一只小小鸟，想要飞得越来越高”。虽然人没有翅膀，但已经能够借助飞行器在空中翱翔，并且建立了太空站，实现了登陆月球，最远的航天器已经飞离了太阳系。最新成果是 2024 年 4 月 30 日，我国的神舟十七号载人飞船返回舱成功着陆于东风着陆场，标志着我国载人航天工程再次取得重大胜利，充分展现了我国载人航天技术的成熟与可靠。这是令人振奋的，同时也将激励我们好好学习并掌握这一领域的知识和技术。

本章作为第 1 章，介绍了飞行器的诞生和分类，主要包括如下内容。

① 世界公认的最古老的飞行器是中国古代的风筝，它是现代飞行器的原始雏形。

② 世界上第一架飞机是美国的莱特兄弟试飞成功的“飞行者一号”。

③ 飞行器是指在大气层内或大气层外空间（太空）飞行的器械，分为在大气层内的航空器和大气层外的航天器，以及既可以用于大气层内，又可以在外太空飞行的火箭和导弹。

④ 在大气层内飞行的航空器又可以分为两类：轻于空气的航空器和重于空气的航空器。前者靠空气静浮力就可以升空，而后者必须依靠空气动力学

由外部产生的推力才能克服自身重力升空。

⑤ 世界上第一个航天器是苏联发射的“人造地球卫星 1 号”，而第一个载人航天器是苏联航天员加加林乘坐的“东方号”飞船。第一个把人送到月球上的航天器是美国“阿波罗 11 号”飞船，第一个兼有运载火箭、航天器和飞机特征的飞行器是美国“哥伦比亚号”航天飞机。

⑥ 1970 年 4 月 24 日，中国首枚运载火箭长征一号搭载着中国首颗人造地球卫星“东方红一号”成功发射，这也是中国航天日的由来。

⑦ 1972 年 3 月，美国发射了“先驱者 10 号”探测器。它在 1986 年 10 月越过冥王星的平均轨道，成为第一个飞出太阳系的航天器。

⑧ 与只能在大气层内飞行的航空器相比，能够飞出大气层的航天器具有不可替代的特征。

第 2 章 初识无人机

在第 1 章中介绍了各种飞行器，其中有的是由飞行员操控驾驶的，也有的飞行器中并没有飞行员，即无人机。顾名思义，无人机就是指没有人直接驾驶的飞行器。需要说明的是，无人机虽然是无人驾驶，但并不是说它不可控。无人机可以通过自动导航与驾驶系统完成自主飞行，也可以通过遥控来控制无人机的飞行。

2.1 无人机的诞生及其发展

单纯从字面上看，“无人机”既可以是风筝或者无线电遥控飞机，也可以是巡航导弹。不过目前对于无人机这一概念，普遍认可的是指那些可重复使用的比空气重的飞行器，因此现在都是指新一代的无人驾驶飞机。

最早的无人机也是被应用于军事上。第一次世界大战时，英国开始研制一种不需要飞行员而是用无线电操控的小型飞机，当它飞到敌方上空时就能够将搭载在飞机上的炸弹投下去。1917 年 3 月，世界上第一架无人驾驶飞机在英国皇家飞行训练学校进行了第一次飞行试验，但以失败告终。后来终于在10年后，“喉”式单翼无人机在英国海军“堡垒”号军舰上成功地进行了试飞。

无人机根据用途主要有两个发展方向，分别是军用和民用。

2.1.1 军用无人机的发展

对无人机的需求始于军事领域，现在无人机已经被视为空中军事力量中的一员。有效地利用无人机能够降低己方人员的伤亡，其具有使用限制少、隐蔽性好、性价比高的特点，并且在现代战争中的作用越来越突出。

最初的军用无人机是由退役的飞机改装成的。随着电子技术的进步，无人机在完成侦察任务时越来越展露出无与伦比的重要性。而随着无人机的性能越来越高，其逐步被用于侦察、运输、情报收集、通信、跟踪和攻击等各方面。

1982年6月9日，以色列在贝卡谷地之战中使用无人机拉开空袭的序幕。首先以色列利用无人机诱骗对方地空导弹的制导雷达开机。在获得了雷达的工作参数及其准确位置后马上使用集束炸弹、常规炸弹和精确制导炸弹进行轰炸。1991年的“沙漠风暴”作战中，美军也发射了欺骗雷达系统的小型无人机作为诱饵。

1996年3月，美国研制出无尾无人战斗机样机，使得无人机不仅是作为运输和侦察使用，更是直接作为了参战武器。无人战斗机的任务是压制对方的防空能力，以及完成战斗损失评估、战区导弹防御以及超高空攻击。

现在的军用无人机已经可以完成战场侦察、火炮校射、通信中继和电子对抗等复杂的任务，还可以提供大量有效的战场情报和实时图像，并以组合式干扰和反辐射导弹干扰来攻击对方的指挥和防空系统。

目前在无人机的研制上又有了很大的进展，例如：① 新翼型和轻型材料大大增加了无人机的续航时间；② 采用先进的信号处理与通信技术提高了无人机的图像传递速度和数字化传输能力；③ 配备了先进的自动驾驶仪，使无人机不再需要陆基的领航。

值得一提的是，在现代战争中无人机的重要性达到了一个新高度。它不但可以提供实时情报和图像来帮助指挥官做决策，还可用于干扰敌方的通信和雷达系统以削弱其作战能力。在电子战方面，无人机使用反电子设备进行攻击并扰乱对方电子系统的正常运行。可见，无人机的使用对战争结果将产生很大的影响。

随着五代战机和六代战机研制与使用成本的攀升，同时也由于飞行员的培养难度越来越高，难以承受战斗的损失，因此有较高自主性和智能化水平且相比有人战机成本较低的无人机系统逐渐成为各国空军的发展对象。它可以通过与有人驾驶飞机进行协同作战，完成对敌方目标的攻击、侦察和干扰等任务，极为有效地协助提升了有人驾驶飞机的作战效能。而无人机又可以承担一些有人驾驶飞机难以完成的高风险、高强度作战任务，这有助于减少战斗损失、减轻有人驾驶飞机及其飞行员的负担和安全风险。未来战争中，无人机的作用将越来越重要。

2.1.2　民用无人机的新时代

无人机在民用领域用途更加广泛，而且我们深有感触。例如在地质勘探、电网巡检、交通流量统计、大气污染检测、紧急情况探查等方面都有无人机的身影。特别是当灾害发生时，无人机可以快速飞至救灾人员无法抵达的现场进行信息采集和实施一定程度的救援。例如在 2013 年的四川芦山地震后，在交通中断的情况下就是利用无人机航拍灾区情况，为救灾提供了必要的第一手资料。

民用无人机的技术日趋成熟，它的成本也在大幅降低。因此，众多集实用与娱乐功能于一体的无人机早已进入了普通人的生活，例如数千元的无人机就有 GPS 定位和航拍与图传功能，并且通过手机应用程序就能操控，具有广阔的市场前景。目前我国大疆的各类型无人机在飞行器控制系统和应用解决方案方面在全世界都遥遥领先。

2023 年 5 月 31 日，国务院和中央军委签发第 761 号令，颁布《无人驾驶航空器飞行管理暂行条例》（见附录），自 2024 年 1 月 1 日起施行。该条例明确了微型、轻型、小型、中型和大型无人驾驶航空器的分类标准，更好地规范了无人驾驶航空器飞行以及有关活动，促进无人驾驶航空器产业健康有序发展，维护航空安全、公共安全和国家安全。这是我们在研制和使用无人驾驶航空器时必须遵守的。图 2-1 是该条例的开头部分。

中华人民共和国中央人民政府
www.gov.cn
首页 | 简 | 繁 | EN | 登录 | 邮箱 | 无障碍

中 华 人 民 共 和 国 国 务 院
中华人民共和国中央军事委员会 令

第761号

现公布《无人驾驶航空器飞行管理暂行条例》，自2024年1月1日起施行。

无人驾驶航空器飞行管理暂行条例

图 2-1　文件展示

2.2　旋翼无人机的分类

参照第 1 章的图 1-3，我们知道在密度大于空气的飞行器中，固定翼飞行器和旋翼飞行器是最常见的。本书是关于旋翼无人机的制作与飞行，所以本章将围绕几种主要的旋翼无人机及其变形机种进行介绍。而在旋翼无人机中，四旋翼和六旋翼无人机是玩家最普遍选择的机型，将在第 3 章和第 4 章详细介绍。

2.2.1 按结构和控制方式对旋翼无人机分类

（1）混合布局无人机

混合布局无人机“混合”了旋翼和固定翼的特征（见图 2-2），所以它扩展了单类型无人机的应用范围。混合布局无人机兼具旋翼和固定翼的长处，并据此形成如下两种工作模式。

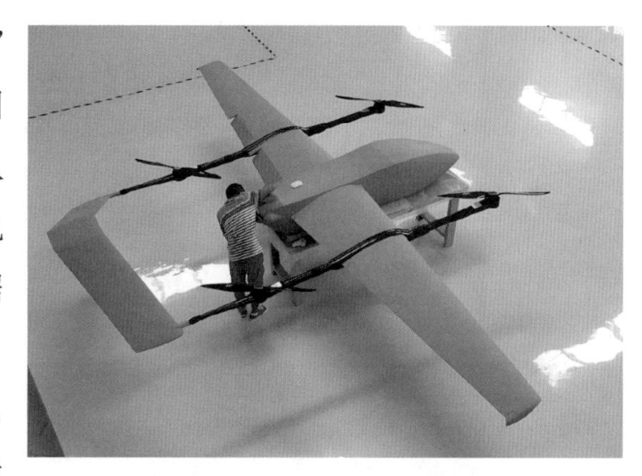

图 2–2　电科特飞研制的 120kg 级混合布局无人机

① 多旋翼垂直起降模式。在起飞和降落时多个旋翼协同运动来提供垂直起飞和降落的动力，所以能够像直升机那样无需跑道直接起降，也可以在空中定点悬停。

② 固定翼高速巡航模式。在空中飞行时依靠固定翼的机身推进系统提供巡航动力，所以能够像固定翼飞机那样进行高速度、长时间和远距离的巡航。

（2）涵道风扇无人机

涵道风扇无人机是以涵道风扇为结构主体和动力系统的无人机。所谓涵道就是气流的管道，这种涵道结构能有效降低气动损耗并稳定气流的输出。它的动力系统是通过涵道内部和尾部的导流板与舵面来实现姿态的稳定控制，效率比传统的无人机要高 30%。而它的旋翼因为隐藏于涵道的内侧，所以能有效地避免旋翼割伤事故的发生，因此适于在复杂狭小的环境中飞行和用于室内的安防监控，如图 2-3 所示。

图 2–3　由中国航天科工集团研制、国内首款民用微小型涵道风扇无人机

(3) 交叉双旋翼直升机

如图 2-4 所示，交叉双旋翼直升机是依靠旋转方向相反的两个主旋翼来平衡自旋力矩的。但是因为这两个螺旋桨不共轴，所以需要通过精密的设计让两个主旋翼不会相撞。

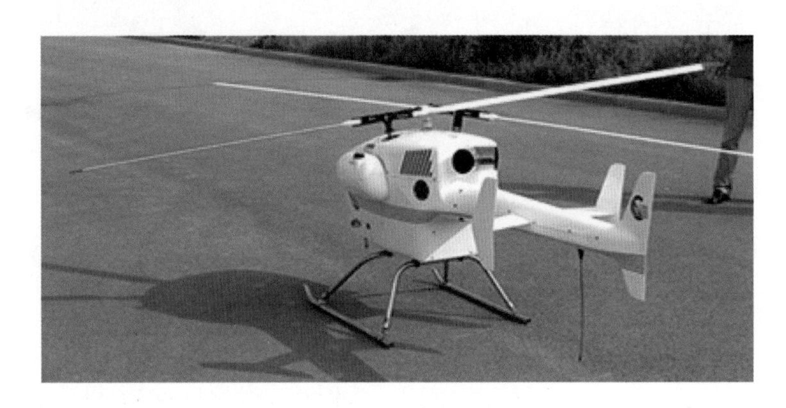

图 2-4　交叉双旋翼直升机

(4) 共轴反转直升机

与上述不共轴的交叉双旋翼不同，如图 2-5 所示，共轴反转直升机有上下两个主旋翼，它们共轴但旋转方向相反。我们知道，传统结构的直升机是

图 2-5　共轴反转直升机

依靠尾部的水平螺旋桨来平衡主旋翼旋转所产生的自旋力矩的。而共轴反转直升机是通过共轴的两个主旋翼的反转来抵消自旋力矩，它的悬停效果要好于单旋翼，而且具有更大的升力和速度。

（5）滚转翼无人机（滚翼机）

如图 2-6 所示，滚转翼无人机是以机身左右的两套摆线桨作为动力源，在飞行时就像左右各安装了一个滚动的大车轮。摆线桨的叶片角度是可以变化的，通过控制叶片的角度就能够推进机身的运动。

图 2-6　滚翼机

2.2.2　按其他方式对旋翼无人机分类

目前无人机的相关技术飞速发展，使得无人机的种类繁多，并且各类型无人机的用途鲜明，它们在尺寸、航程、飞行高度、飞行速度和任务等多方面都有较大差异。基于无人机的这种多样性，会有各种不同的分类方法，例如：

- 按结构，无人机可分为固定翼无人机、旋翼无人机、无人飞艇、伞翼无人机、扑翼无人机等。

● 按用途，无人机可分为军用无人机和民用无人机。军用无人机可分为侦察无人机、诱饵无人机、电子对抗无人机、通信中继无人机、无人战斗机以及靶机等。民用无人机可分为巡查 / 监视无人机、农用无人机、气象无人机、勘探无人机以及测绘无人机等。

● 按活动半径，成熟的商用无人机可分为超近程无人机（活动半径在 15km 以内）、近程无人机（活动半径在 15～50km 之间）、短程无人机（活动半径在 50～200km 之间）、中程无人机（活动半径在 200～800km 之间）和远程无人机（活动半径大于 800km）。对于本书的入门级六旋翼无人机，活动半径要远远小于上述超近程无人机的 15km 活动半径，这是因为操控者的经验还不足，为了安全，其活动半径必须要在可以目视的范围之内。

● 按任务高度，无人机可以分为超低空无人机（在 0～100m 之间）、低空无人机（在 100～1000m 之间）、中空无人机（在 1000～7000m 之间）、高空无人机（在 7000～18000m 之间）和超高空无人机（大于 18000m）。

在 2018 年 9 月召开的世界海关组织协调制度委员会（HSC）的第 62 次会议上，将无人机归类为“会飞的照相机”。因此无人机就可以按“照相机”进行监管，而各国对照相机一般都没有特殊的贸易管制要求，这非常有利于我国在无人机领域的高科技优势产品进入国际民用市场。

2.3 无人机的应用场景

现在，无人机已经成为我们很多人外出旅游时航拍美景的必备品。或许在不久的将来，我们打开窗户就能从飞来的无人机上取出自己的快递。这些还只是我们日常生活中的无人机的应用场景，其实无人机在应急救援和无人化巡检等方面也有着不可替代的作用。

（1）会飞的照相机，记录世界的新视角

民用无人机正在越来越多地应用于影视拍摄、新闻报道、旅行记录等。例如《流浪地球》《红海行动》《变形金刚》等诸多影视作品大量采用了无人机航拍，而在突发的新闻现场中或者记录动物迁徙、体育比赛、婚礼等场面时更是越来越多地出现了无人机的身影。无人机以站在地面的人无法触及的新视角记录着这个世界。

（2）无人化巡检，安全又高效

无人机巡检不受高度和地形的限制，并且控制方便、到达迅速、视野广阔。无人机在巡检方面的应用非常广泛，以下是几个不同应用场景下的介绍。

电力巡检（见图 2-7）：很多长途特高压输送电路的线路距离长，且多处于群山等不易到达的地区。此时搭载高清相机和热成像相机的无人机可以帮助电力公司更高效地检测输电线路和电力设施的运行状态并及时发现破损、老化、接触不良等安全隐患。尤其是无人机可以在山林、河流等复杂地形的空中巡检输电线路，避免了传统巡检方式难以到达或者对巡检员可能造成危险的问题。

图 2-7　无人机电力巡检

石油化工巡检（见图 2-8）：无人机可以帮助石油化工企业更高效地检测大型生产设施和储运设施的运行状态，从而及时发现安全隐患。无人机搭载有高清相机和气体检测仪器，可以拍摄高清照片和检测气体泄漏情况并确定泄漏位置，从而检测生产设施的破损、泄漏、腐蚀等问题。小型的无人机还可以在密闭管道内进行巡检，避免了传统巡检方式的风险和限制。

图 2-8　无人机石油化工巡检

农牧巡检（见图 2-9）：无人机搭载高清相机和光谱分析仪器，可以通过拍摄高清照片和分析光谱信息来监测农作物的生长状态、病虫害情况和水

图 2-9　无人机农牧巡检

源污染等问题。而利用无人机进行播种、喷药、森林火情监控等已被广泛应用，在此过程中无人机还可以应用于保护濒危动植物和反偷猎巡逻等。

环境监测：无人机已经越来越频繁地被应用于环境与大气污染的执法中。环保部门使用无人机航拍和监测，例如对钢铁和电力等企业的排污、脱硫等设施的运行情况进行检查和有效监督。我国多个省份已经在使用无人机进行大气污染防治的执法检查。

（3）应急救援，可以快速响应

在地震等发生时，由于路况被破坏或次生危害严重，救灾人员可能无法快速、安全地抵达现场，而无人机能够轻松地翻山越岭迅速抵达。同样，在监测山体、河流等次生灾害时，无人机也能利用红外成像仪在空中搜寻受困人员。无人机在应急救援中具有快速响应、精准救助的能力，它的作用体现在以下几个方面。

搜索和救援：无人机可以搭载高清摄像头和红外热成像摄像头，快速搜索受灾区域，寻找被困人员。它们能够及时进入危险并且救援人员无法到达的地方，提供实时的视频信息，还可以为救援人员提供准确的导航和定位信息，帮助救援团队快速定位并制定救援计划。无人机还可以对救援人员也进行实时监控，保障他们的安全。

物资和药品投送：无人机可以携带轻便的物资和急需药品，将其准确投送到灾区，为被困人员提供临时的紧急救援。这种方式快速、灵活，并且可以避开地面交通拥堵或不可通行的区域。

通信中继：在信号中断或通信基础设施受损时，无人机可以充当临时的移动通信中继站来实现灾区与外界的通信连接。

航拍和测绘：无人机可以不断地进行空中航拍，获取受灾地区的高分辨率影像和视频用于制定正确的救援策略。此外，通过搭载的高精度传感器对灾区的地质情况进行实时监控，可以预测出将要出现的次生灾害。无人机还可以进行地形测量和建模，帮助快速评估受灾程度和完善灾后的重建规划。

（4）利用无人机运送货物，方便快捷

这是无人机应用于社会生活的新尝试。目前国内的美团、京东、阿里巴巴等公司和国外的亚马逊等众多企业都在尝试进行无人机送货的测试和实践。很多地方政府也在这方面起到了促进作用，例如2024年1月3日，全国首部低空经济立法，即《深圳经济特区低空经济产业促进条例》正式公布。该条例明确了无人机在全面覆盖快递、医疗、巡检、测绘等行业的延展应用。

看到这里，我们是否迫切希望进一步学习无人机的结构和飞行原理？是否希望能够自己制作一个无人机呢？

为此，下面的第3章将介绍旋翼无人机的硬件组成及其飞行原理，第4章将详细介绍六旋翼无人机的组装步骤，第5章介绍无人机的操控技术。接下来我们一起继续学习吧。

2.4 本章小结

作为飞行器家族中的一员，无人机的应用场景越来越广阔。本章在简洁地介绍了无人机的诞生和发展之后，按照结构和控制方式以及其他的分类方式论述了旋翼无人机的多个种类。最后列出了几个较为典型的无人机的应用场景。本章的主要内容为：

① 无人机是指没有人直接驾驶的飞行器。

② 无人机根据用途主要有两个发展方向，分别为军用和民用。

③ 在开发、使用无人机时，要严格遵守国家的相关法律、法规、条例的规定。

④ 四旋翼和六旋翼无人机是目前无人机玩家最普遍选择的两种机型。

⑤ 旋翼无人机按照结构和控制方式以及其他的一些分类方式，可以从不同的角度被分为多种类型。

⑥ 旋翼无人机在越来越多的应用场景中担当着越来越重要的任务。

第3章 旋翼无人机的硬件组成及其飞行原理

上一章介绍了无人机的产生和发展，并引出了本书的重点内容，即旋翼无人机。本章将针对旋翼无人机中最典型的四旋翼和六旋翼无人机，并通过它们之间的一些对比来讲解旋翼无人机的硬件组成和飞行原理。首先介绍旋翼无人机的几个主要硬件。

3.1 旋翼无人机的机架

机架是旋翼无人机的主体框架，无人机搭载的各种硬件都要放置在机架上。性能良好的机架应该具备重量轻、抗腐蚀、抗疲劳、结构稳定的特性，并且能够对无人机搭载的各种硬件设备起到保护的作用。

我们知道，当无人机的旋翼提供固定的升力时，如果机架本身的重量较轻，就可以适当增加其搭载的其他硬件设备的数量和重量，这样就能够更加有效地提升无人机的整体性能。所以无人机的机架应该选择重量较轻的材料，但是机架还必须具有足够的强度和刚度，用以抵抗飞行过程中的气动压力和振动产生的影响。

3.1.1 机架的材料

机架常用的材料有尼龙塑胶、玻璃纤维、碳纤维、铝合金等。其中碳纤维复合材料具有高强度、高刚度、轻量化的特点，是无人机机架的首选材料，但碳纤维的价格相对较贵。铝合金也有较好的强度和刚度，但质量相对较大。尼龙塑胶则具有成本低、易加工的特点，但刚度相对较低。

① 尼龙塑胶机架。这种机架的材质就是塑胶，它的特点是具有一定的强度和韧性，并且价格便宜，因此非常适合刚入门的玩家选择使用。图 3-1（a）和图 3-1（b）分别是 450 轴距的塑胶四旋翼机架和 550 轴距的塑胶六旋翼机架。轴距的概念将在下一小节中进行解释。图 3-1（c）则是安装完支架后的完整的六旋翼无人机机架。

(a)450轴距的塑胶四旋翼机架

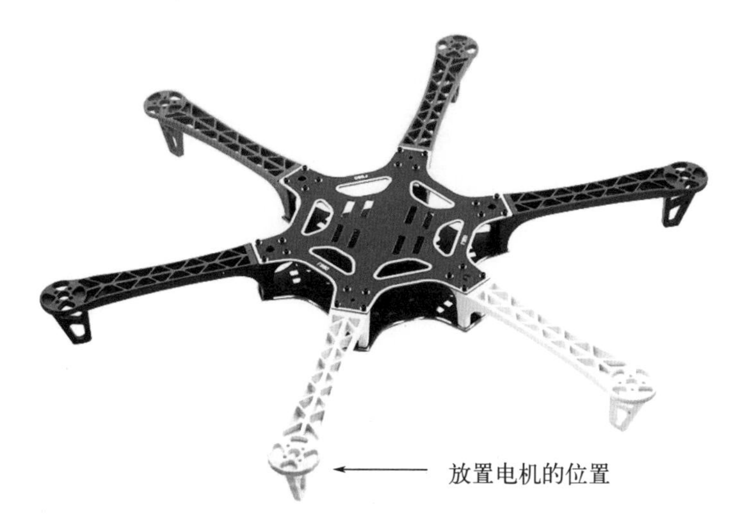

(b)550轴距的塑胶六旋翼机架

(c)带支架的完整的六旋翼机架

图 3-1　典型的四旋翼和六旋翼机架

② 玻璃纤维机架。这种机架由玻璃纤维制作而成，它比塑胶机架具有更高的强度，但价格却比碳纤维机架要便宜很多，因此适合对机架有更高要求的无人机玩家。

③ 碳纤维机架。碳纤维作为无人机的机架材料是完美的，因为碳纤维材料的密度低，同时具有较高的强度和刚度。此外，碳纤维具有较好的耐腐

蚀性，能够抵抗大气中的水分和氧化物等的影响，从而延长无人机的使用寿命。它的抗疲劳性也十分出色，能够在多次重复载荷作用下保持强度和刚度。它的结构稳定性也较好，不易变形和损坏。但是碳纤维机架的缺点是价格偏高，因此不适合刚刚入门的玩家，以免无人机操作不当受损后造成较大的经济损失。不过随着碳纤维复合材料的制造工艺和生产的逐渐成熟，它的成本也将逐渐降低。

3.1.2 机架的轴距与轴数

轴距是多旋翼无人机中非常重要的一个参数，如图 3-1 所示，轴距是指对角线上的两个电机轴心（即螺旋桨旋转的中心）的距离，单位一般是毫米。轴距越大代表无人机的整体尺寸越大，所以轴距也确定了螺旋桨尺寸的上限。一般来说，轴距越大则无人机的稳定性越好，但螺旋桨的尺寸也应该相应变大，这样才能够提高螺旋桨产生的最大升力。

轴数是指无人机的旋翼数量，即我们常说的四旋翼或六旋翼无人机就是分别有四个轴或六个轴。因此四旋翼或六旋翼无人机也通常被称为四轴或六轴无人机。一般来说，轴数越多则无人机的升力也会越大，而且无人机也可以做出更多的运动姿态，飞行也会越稳定。但轴数多就会相应地增加无人机硬件结构和控制上的复杂性，维护的难度和成本也会增加。无人机的轴数一般是三轴、四轴、六轴和八轴等，玩家常采用的大多是四轴或六轴。

三旋翼无人机可以直接在水平、俯仰和横滚三个维度上进行旋转，因此能够在空间实现自由控制。但由于轴数较少，所以操控者必须经验丰富才能实现稳定控制。所以三旋翼无人机通常是高端无人机或专业级的航拍设备，价格也较为昂贵。

四旋翼无人机与三旋翼无人机相比整体结构也并没有复杂很多，但是它的优点是操控比较容易，所以非常适合初学者使用。在飞行时的稳定性也比较好，但在风力强劲的情况下控制性能会变差。

六旋翼无人机在飞行稳定性和控制体验上要比四旋翼无人机优秀，能够更好地抵御风力干扰，并且在复杂环境下保持平稳飞行。

八旋翼无人机具有了更多的电机和螺旋桨，所以能够提供更强大的升力和悬停能力，因此在更为恶劣的环境下也具有更高的安全性和稳定性。然而它的体积较大，价格也较高。所以八旋翼无人机通常被用于拍摄较高要求的专业影片或者应用于大型的活动场景。

3.2　旋翼无人机的必备硬件

除了前面介绍的机架外，在制作旋翼无人机时还需要配备一些必要的硬件，包括飞控板、高度计、GPS 模块、电机、电调，以及螺旋桨、电池和遥控器等。有些硬件是被集成到了一个设备之中，也有些硬件需要单独准备。在下面分别介绍这些必备硬件之前，图 3-2 给出了一个六旋翼无人机的整体结构图，在图中显示出了无人机的一些主要硬件。

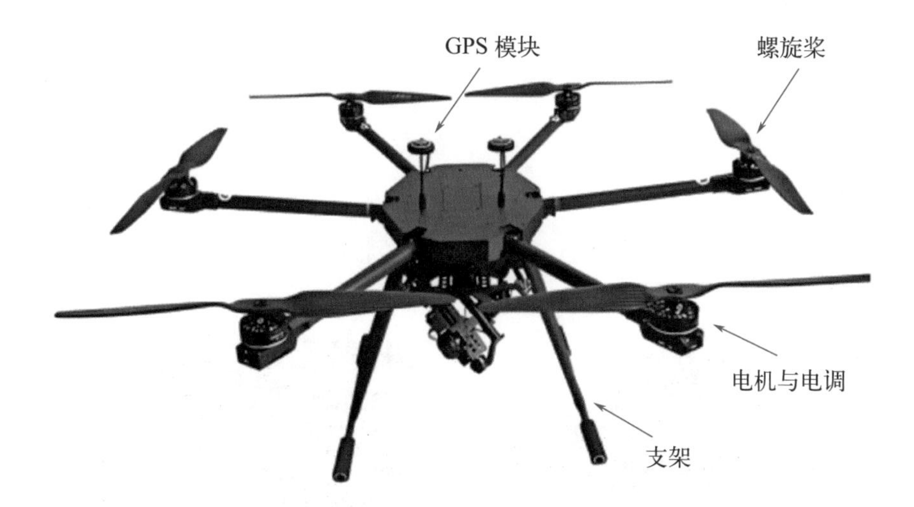

(a)无人机机臂打开时的样子

图 3-2

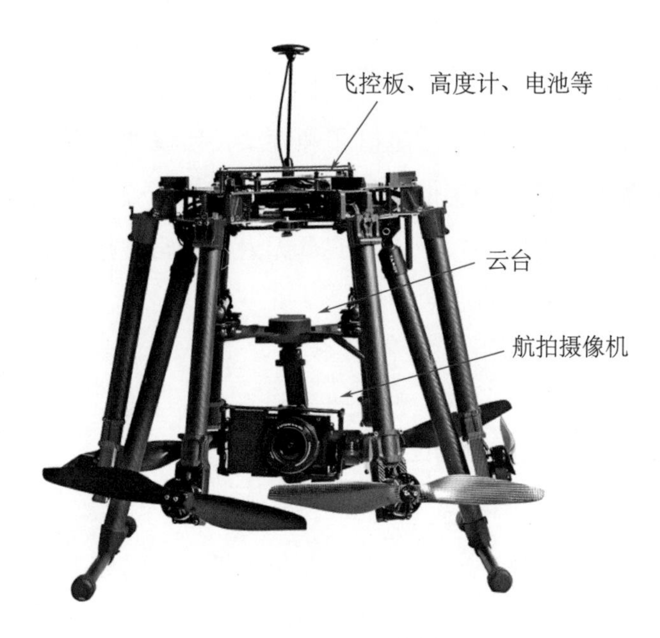

(b)无人机机臂收回时的样子

图 3-2　六旋翼无人机的整体结构图

（1）飞控板

飞控板（见图 3-3）是飞行控制集成电路板的简称，它是旋翼无人机的核心控制单元，负责接收、处理无人机上各种传感器的信号并控制电机和云台等，因此是实现无人机稳定飞行的关键设备。飞控板在工作时通常是基于微控制器或单片机的硬件平台，搭载相应的控制算法和飞行模式软件。本书的 4.3 节将详细介绍六旋翼无人机选用的飞控板的安装与调试。

图 3-3　两种常见的飞控板

（2）高度计

高度计用于测量无人机在飞行时距离地面的高度，可以分为测量绝对高度和相对高度的两种类型。

测量绝对高度的高度计是用于测量相对于海平面的绝对高度，主要包括气压高度计和GPS高度计，一般用于飞行高度较高的高空无人机。气压高度计是通过气压传感器［图3-4（a)］来测量，而GPS高度计则是通过GPS信号来获取高度信息。

测量相对高度的高度计是用于测量无人机在飞行时距离地球表面的相对高度，一般用于在低空飞行的无人机，主要包括超声波高度计、激光和毫米波雷达高度计几种。激光和毫米波雷达高度计等是通过激光或毫米波雷达，以及光流传感器［图3-4（b)］等进行测距来实现相对高度的测量，而超声波高度计则是通过超声波传感器［图3-4（c)］测距来实现相对高度的测量。

在选择高度计时，要根据无人机的具体应用场景和使用要求来选择适合的类型。图3-4是三种常用的安装于不同高度计中的测量用传感器。

(a)气压传感器

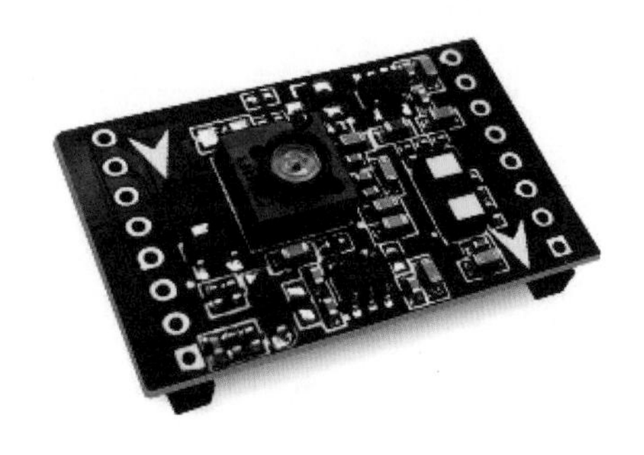

(b)光流传感器

(c)超声波传感器

图3-4　三种常用高度计中的传感器

（3）GPS模块

GPS 模块（见图 3-5）用于提供无人机的地理位置信息，结合高度计就可以实现精准的定位和导航。用于接收 GPS 信号的 GPS 接收器通常集成在飞控板或专用的 GPS 模块中。目前我国的北斗卫星导航系统及其硬件模块和服务正在不断地完善和被应用于包括无人机定位与导航的各种场景。

图 3-5　GPS 模块

（4）电机

电机（见图 3-6）是旋翼无人机的动力来源，它将电能转化为机械能来驱动桨叶旋转产生升力。有多少个旋翼就要有多少个电机来驱动。无人机的电机分为内转子电机和外转子电机两种。内转子电机是指转子位于电机内部，因此具有结构紧凑、扭矩大、响应快等特点，适用于小型无人机。外转子电机是指转子位于电机外部，具有输出力矩大、效率高等特点，适用于大型无人机。选择电机时要注意它的性能参数，包括功率、转速和重量等。

图 3-6　电机

（5）电调

电调（见图 3-7）是电子调速器的简称，顾名思义它是用于调节电机转

图 3-7　电调

速的电子设备，直接接收来自飞控板的控制信号用以调整电机的输出功率。电调还具有过载保护和故障报警等功能。

（6）桨叶（螺旋桨）

桨叶（见图 3-8）的形状和尺寸对无人机的飞行性能有很大影响。桨叶一般由质量小、强度高的材料制成，如碳纤维复合材料。对于入门级玩家和普通玩家，也可以使用塑料和木质材料的桨叶。

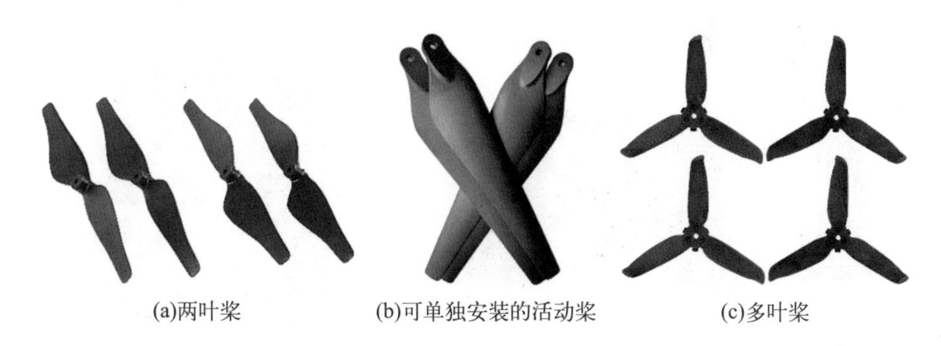

图 3-8　无人机的多种桨叶

（7）电池

电池（见图 3-9）为无人机提供电能，一般采用轻量化、高能量密度的锂电池。电池的容量和重量直接影响无人机的续航时间和整体重量。

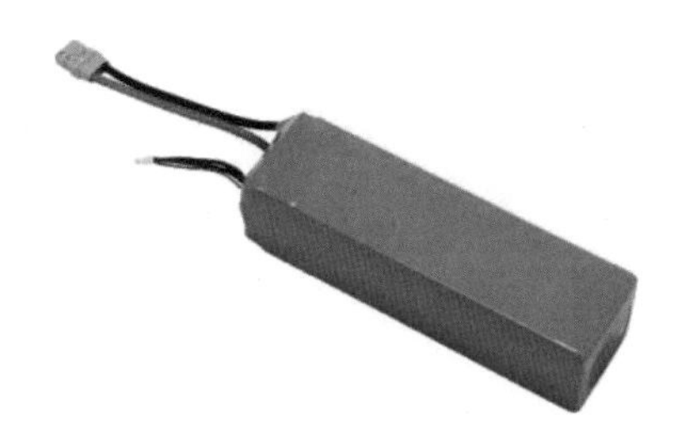

图 3-9　航空电池

（8）遥控器

遥控器（见图 3-10）是用于远程控制无人机的设备，一般由发射器和接收机组成。我们通常所说的遥控器就是指的发射器，而接收机是安装在无人机上用来接收发射器传来的指令。当接收机收到指令后会把信号传递给飞控板，再由飞控板去控制无人机的飞行姿态。这样操控者就可以通过遥控器（即发射器）发送无线信号控制指令来遥控无人机的飞行姿态了。

图 3-10　无人机的遥控器

3.3　旋翼无人机的飞行原理

本章的前两节介绍了旋翼无人机的主要硬件，现在我们应该对旋翼无人机有了一个基本的了解。在此基础上，下面分别以四旋翼和六旋翼无人机为例介绍它们的飞行原理。其中四旋翼无人机的飞行原理是基础，所以有必要从它开始讲解。

3.3.1　四旋翼无人机的飞行原理

四旋翼无人机的结构简单、飞行控制稳定，是旋翼无人机中被研究最多与应用最广的机型。一台基本的四旋翼无人机至少要包括机架、飞控板、电机、螺旋桨、电池和遥控器这六部分（根据应用场景的不同，还有可能增加航拍设备、机载机械手等模块）。

如图 3-11 所示，四旋翼无人机在三维空间中的飞行姿态主要包括垂直运动、俯仰运动、滚转运动和偏航运动四种。无人机在飞行时是以 *X* 轴的正方向为前进方向，所以 1 号电机位于机头，3 号电机位于机尾，2 号和 4 号电机分别位于机身的左侧和右侧。

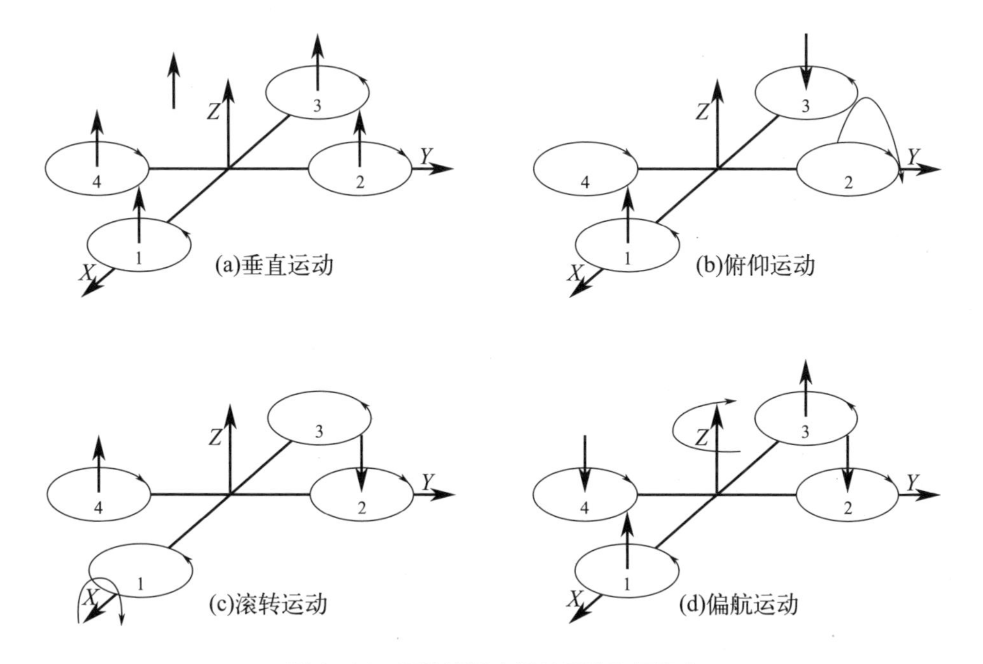

图 3-11　四旋翼无人机的四种飞行姿态

在图 3-11 中，围绕四个电机分别画有带箭头的闭环圆圈，圆圈上的箭头是所在位置电机的旋转方向。可见，1 号和 3 号电机的旋转方向相同，而 2 号和 4 号电机的旋转方向也相同。即如果 1 号和 3 号电机是逆时针旋转的，那么 2 号和 4 号电机就要顺时针旋转。

注意，四旋翼无人机的四个旋翼的旋转方向必须保证对角线上的两个电机旋转同向但与相邻的电机转向相反，这样才能够平衡螺旋桨在旋转时对机身反扭矩的影响。

同样在图 3-11 中，如果在某个电机的中心位置上还画有向上的箭头，就表示该电机在加速旋转。反之，向下的箭头表示该电机要减速旋转。如果没有画向上或者向下的箭头，则表示该电机保持恒速旋转。

下面结合图 3-11，分别介绍四旋翼无人机在空中的垂直运动、俯仰运动、滚转运动和偏航运动的飞行控制原理。

（1）垂直运动（沿 *Z* 轴的整机升降）

如图 3-11（a）所示，是四旋翼无人机在做沿 *Z* 轴的垂直上升运动。此时 1 号和 3 号电机逆时针加速旋转（图中的各个电机被标注为向上的箭头表示加速，若箭头向下则表示减速），而 2 号和 4 号电机要顺时针加速旋转来平衡对机身的反扭矩。因为此时四个电机都在加速旋转，所以每个电机都会带动螺旋桨产生更大的升力。当四个螺旋桨同时旋转所产生升力的合力超过无人机整机的重量时便会垂直上升；反之若同时减小四个电机的转速，无人机则会垂直下降。而当四个旋翼产生的向上合力正好等于无人机的自重时，它便可以保持空中悬停的状态。表 3-1 是四旋翼无人机沿 *Z* 轴做垂直运动的飞行控制方法。

表 3-1　四旋翼无人机沿 *Z* 轴的垂直运动

电机	垂直上升图 3-11（a）	垂直下降	空中悬停
1 号电机	逆时针、加速	逆时针、减速	逆时针、恒速
2 号电机	顺时针、加速	顺时针、减速	顺时针、恒速
3 号电机	逆时针、加速	逆时针、减速	逆时针、恒速
4 号电机	顺时针、加速	顺时针、减速	顺时针、恒速

（2）俯仰运动（绕 *Y* 轴旋转）

如图 3-11（b）所示，当电机 1 的转速上升并且电机 3 的转速下降，而且电机 2 和电机 4 的转速保持不变时，是机头仰起的姿态。这是因为电机 1 的加速导致了对应位置的螺旋桨 1 的升力增加，而电机 3 的减速导致了螺旋桨

3 的升力下降，由此产生的不平衡力矩使得机身绕 Y 轴旋转。与此相反，当电机 1 的转速下降，同时电机 3 的转速上升时，无人机就会出现机头下沉的俯冲姿态。表 3-2 是四旋翼无人机绕 Y 轴做俯仰运动时的飞行控制方法。

表 3-2　四旋翼无人机绕 Y 轴的俯仰运动

电机	机头上扬（仰）图 3-11（b）	机头下沉（俯）
1 号电机	逆时针、加速	逆时针、减速
2 号电机	顺时针、恒速	顺时针、恒速
3 号电机	逆时针、减速	逆时针、加速
4 号电机	顺时针、恒速	顺时针、恒速

（3）滚转运动（绕 X 轴旋转）

如图 3-11（c）所示，当减小电机 2 的转速同时增加电机 4 的转速，并且保持电机 1 和电机 3 的转速不变时，就能够使无人机绕 X 轴产生机身左侧下降、右侧上升的滚转运动。与此相反，如果是增加电机 2 的转速同时减小电机 4 的转速，并且保持电机 1 和电机 3 的转速不变时，就能够实现无人机的反方向滚转。表 3-3 是四旋翼无人机绕 X 轴做向左、向右滚转运动时的飞行控制方法。

表 3-3　四旋翼无人机绕 X 轴的滚转运动

电机	左低右高的滚转图 3-11（c）	左高右低的滚转
1 号电机	逆时针、恒速	逆时针、恒速
2 号电机	顺时针、减速	顺时针、加速
3 号电机	逆时针、恒速	逆时针、恒速
4 号电机	顺时针、加速	顺时针、减速

（4）偏航运动（绕 Z 轴旋转）

四旋翼无人机的偏航运动就是绕机身的 Z 轴旋转。如图 3-11（d）所示，当电机 1 和电机 3 的转速上升，同时电机 2 和电机 4 的转速下降时，旋翼 1

和旋翼 3 对机身的反扭矩要大于旋翼 2 和旋翼 4 对机身的反扭矩，此时机身便在不平衡反扭矩的作用下绕 Z 轴做偏航运动，而机身的偏航转向与电机 2 和电机 4 的旋转方向相同（请参考下面的“关于无人机偏航运动的小知识”）。表 3-4 是四旋翼无人机绕 Z 轴做偏航运动时的飞行控制方法。

表 3-4　四旋翼无人机绕 Z 轴的偏航运动

电机	绕 Z 轴顺时针偏航图 3-11（d）	绕 Z 轴逆时针偏航
1 号电机	逆时针、加速	逆时针、减速
2 号电机	顺时针、减速	顺时针、加速
3 号电机	逆时针、加速	逆时针、减速
4 号电机	顺时针、减速	顺时针、加速

关于无人机偏航运动的小知识

无人机的旋翼在转动过程中由于空气阻力的作用会形成与电机转动方向相反的反扭矩。为了克服反扭矩对无人机飞行姿态的影响，就要使四个电机中的两个电机正转，同时另两个电机要反转，并且要保证在对角线上的两个电机的转动方向相同。此外，反扭矩的大小是与电机转速相关的。当四个电机的转速大小相同时，四个旋翼产生的反扭矩相互平衡，使得四旋翼无人机不会发生围绕自身 Z 轴的转动。但是当四个电机的转速不完全相同时，产生的不平衡反扭矩就会引起四旋翼无人机围绕 Z 轴的偏航运动。又因为旋翼在转动过程中形成了与电机转动方向相反的反扭矩，所以偏航的方向是与加速的电机旋转方向相反的，即与减速电机的旋转方向一致。如图 3-11（d）所示，电机 1 和电机 3 的转速上升，同时电机 2 和电机 4 的转速下降，此时旋翼 1 和旋翼 3 对机身的反扭矩要大于旋翼 2 和旋翼 4 对机身的反扭矩。但电机 1 和电机 3 都是逆时针旋转，所以增加的反扭矩是顺时针的，导致无人机的偏航转向也是顺时针的，即与电机 2 和电机 4 的旋转方向相同。

以上就是四旋翼无人机的四种基本飞行姿态及其控制原理。我们知道在空间直角坐标系中有 *X*、*Y* 和 *Z* 三个轴，那么无人机在空间飞行时就应该有 6 个自由度，分别对应这三个轴上的直线运动和围绕这三个轴的旋转运动。但是前面只介绍了其中的四种飞行姿态，即 4 个自由度。

下面我们接着介绍剩下的 2 个自由度，即四旋翼无人机沿 *X* 轴的前后直线运动和沿 *Y* 轴的左右侧向运动。其实这两种运动是可以从上面的四种基本飞行姿态中分离出来的。

（5）无人机的前进与后退（沿 *X* 轴的整机前后移动）

前面图 3-11（b）给出了无人机机头上扬的仰运动示意图。参考表 3-2，如果仍然保持电机 2 和电机 4 的转速不变，但是如图 3-12 所示，此时减小电机 1 的转速，同时增大电机 3 的转速，那么就形成了机头下沉的俯运动。

无人机沿 *X* 轴做前进与后退飞行就是参考了机头上扬与下沉的控制原理。我们先来分析一下图 3-12。

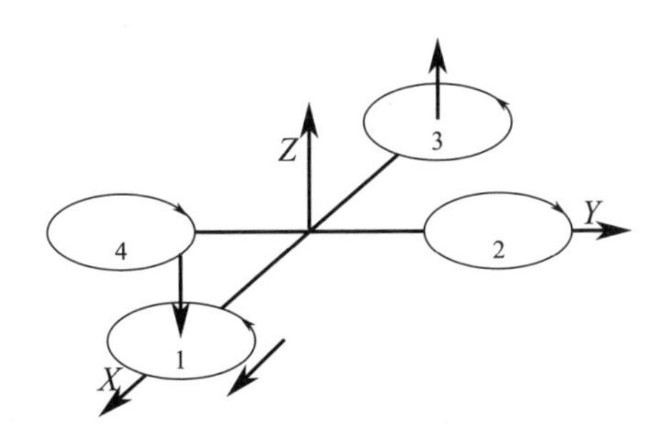

图 3-12　四旋翼无人机的前向运动

如图 3-12 所示，提高电机 3 的转速将增大机尾的升力，而减小电机 1 的转速将降低无人机头部的升力。此时无人机将围绕 *Y* 轴产生一定程度的机头下沉的俯运动。如果这种状态保持不变，则无人机将沿着 Y 轴做“前滚翻”。

但是如果在无人机将要做“前滚翻”之前再适当增加一些电机 1 的转速并适当减小电机 3 的转速，那么无人机就可以保持住机头有些下沉但整机并不会沿 Y 轴翻滚的状态。在这种状态下继续保持电机 1 和电机 3 的转速不再变化时，旋翼 1 与旋翼 3 所形成的升力之差就会产生一个沿 X 轴正方向的水平分量，导致无人机整体能够沿 X 轴正方向向前飞行。

因此无人机如果向前飞行，首先需要做一个“不能太激烈”的俯运动（即机头下沉），然后在保持反扭矩平衡的状态下不再继续下沉，这样就能够利用机身头低尾高所产生的向前的水平分量使得无人机沿 X 轴向前飞行了。

在理解了无人机前进的飞行原理之后，再理解向后飞行就非常容易了。无人机向后飞与向前飞的控制是相反的，这就需要借助机头适当上扬的仰运动状态使得旋翼产生一个沿 X 轴负方向的水平分量，进而推动无人机沿着 X 轴向后飞行。

表 3-5 是无人机在做整机的前进与后退（沿 X 轴的前后移动）时的飞行控制方法。在表中出现了“适量”一词，对它的理解是需要在操控无人机的实践中反复练习后才能体会和掌握的。

表 3-5　四旋翼无人机沿 X 轴的前进与后退

电机	后退	前进 图 3-12
1 号电机	逆时针、适量加速	逆时针、适量减速
2 号电机	顺时针、恒速	顺时针、恒速
3 号电机	逆时针、适量减速	逆时针、适量加速
4 号电机	顺时针、恒速	顺时针、恒速

（6）无人机的侧向运动（沿 Y 轴的整机左右移动）

前面介绍的无人机沿 X 轴的前进与后退运动是参考了俯仰运动的原理。

与此相似，无人机沿 Y 轴的侧向运动是参考了滚转运动的原理。如图 3-11（c）所示，这种状态就会产生机身左低右高的滚转。但是如果电机 2 和电机 4 的转速通过适当调整而保持机身此时的状态但不继续滚转（4 个电机的反扭矩保持了平衡，使得机身处于左低右高的状态），那么就会产生一个沿 Y 轴正方向的水平分量，导致无人机整体沿 Y 轴正方向移动飞行。

同理，沿 Y 轴负方向的飞行控制与之相反，即需要借助无人机左高右低的滚转运动原理来进行控制。

表 3-6 是无人机沿 Y 轴做向左和向右移动时的飞行控制方法。

表 3-6 四旋翼无人机沿 Y 轴的左右移动

电机	向左移动	向右移动
1 号电机	逆时针、恒速	逆时针、恒速
2 号电机	顺时针、适量减速	顺时针、适量加速
3 号电机	逆时针、恒速	逆时针、恒速
4 号电机	顺时针、适量加速	顺时针、适量减速

3.3.2 六旋翼无人机的飞行原理

六旋翼无人机由机架、6 个旋翼和必要的组件构成。机架承载六旋翼无人机所有的组件，因此无人机的安全性和稳定性都和机架的布局密切相关。与四旋翼无人机相比，六旋翼无人机具备冗余的执行机构，所以当遇到较强外力干扰或者部分旋翼受损时也能表现出一定的稳定性。

六旋翼无人机在飞行时根据旋翼的布局主要有如下的两种飞行模式。如图 3-13 所示，如果假设竖直向上的长箭头方向为无人机的前进方向，那么图 3-13（a）就是 M1 电机位于无人机的头部，M4 电机位于无人机的尾部，而 M5 和 M6 电机位于无人机的左侧，这是一种飞行模式。在图 3-13（b）中，电机 M1 和 M6 分别位于无人机头部的两侧，而电机 M3 和 M4 位于尾部，电机 M5 在无人机的左侧，这是另一种飞行模式。这两种飞行模式需要不同的控制方式，下面将以图 3-13（b）为例进行说明。

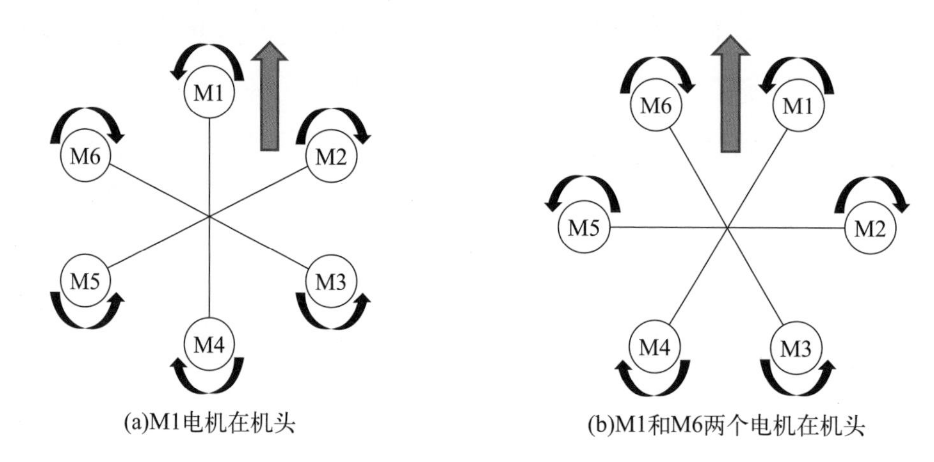

图 3-13　六旋翼无人机的两种飞行控制方式

需要指出的是，无论对六旋翼无人机采用哪种控制方式，都需要相邻两旋翼的旋转方向相反，因为只有这样才能够抵消反扭矩（这一点与四旋翼无人机是一致的）。当无人机处于平衡状态时，在一部分电机逆时针旋转的同时，与其相邻的电机顺时针旋转就可以抵消所有的电机在高速旋转时所产生的陀螺效应和空气动力的扭矩效应，用以防止无人机产生自旋。

如图 3-13（b）所示，无人机在飞行时是以 M1 和 M6 电机为机头，以 M3 和 M4 电机为机尾，而 M5 和 M2 电机分别位于机身的左右两侧。与四旋翼无人机的飞行姿态一样，六旋翼无人机在空间中也是有 6 个自由度（它们是分别沿 X、Y 和 Z 这 3 个坐标轴做平移和绕轴旋转），对每个自由度的控制也都是通过调节不同电机的转速来实现的。

设六旋翼无人机飞行的三维空间坐标系与前一小节介绍四旋翼无人机时是一致的，即在图 3-13（b）中，机头电机 M1 和 M6 的中点与机尾电机 M3 和 M4 的中点连线成为 X 轴（机头方向为 X 轴的正方向），电机 M5 和 M2 连成 Y 轴（机身左侧的电机 M5 方向为 Y 轴的正方向），与地面垂直的方向为 Z

轴（无人机上升的方向为 Z 轴的正方向）。在该坐标系下，并保证六旋翼无人机的 6 个电机 M1～M6 的旋转方向与图 3-13（b）所示一致时，分别进行六旋翼无人机各种飞行控制方式的分析说明（请对比前一小节四旋翼的情况一起学习）。

（1）垂直运动（沿 Z 轴的整机升降）

在控制无人机的飞行时，我们设定无人机上升为 Z 轴的正方向，下降为 Z 轴负方向。当无人机接收到上升指令时，6 个电机转速同时增大。当电机转速增加到一定值后无人机获得的升力将大于自身重力，此时无人机就会上升。

而当无人机接收到下降指令时，所有的电机转速将减小，当升力小于重力时无人机就会下降。

如果需要无人机在空中悬停，就要控制 6 个电机的转速，使获得的总升力等于无人机的重量，此时无人机就能够在空中保持悬停状态。

表 3-7 是六旋翼无人机沿 Z 轴做垂直运动时的飞行控制方法。

表 3-7　六旋翼无人机沿 Z 轴的垂直运动

电机	垂直上升	垂直下降	空中悬停
M1 ～ M6 电机	加速	减速	恒速

（2）俯仰运动（绕 Y 轴旋转）

在控制无人机的飞行时，我们设定机体抬头（仰）为正，机体低头（俯）为负。当无人机接收到抬头（仰）指令时，如图 3-13（b）所示，就要增大机头的 M1 和 M6 电机的转速，同时减小机尾 M3 和 M4 电机的转速，这样就会产生使机体抬头的力矩。

而当收到低头（俯）指令时，就要增大 M3 和 M4 电机的转速，同时减小 M1 和 M6 电机的转速，使机体获得低头的力矩。

表 3-8 是六旋翼无人机绕 Y 轴做俯仰运动时的飞行控制方法。

表 3-8 六旋翼无人机绕 *Y* 轴的俯仰运动

电机	机头上扬（仰）	机头下沉（俯）
机头电机 M1、M6	加速	减速
机尾电机 M3、M4	减速	加速
机身两侧电机 M2、M5	恒速	恒速

（3）滚转运动（绕 *X* 轴旋转）

在控制无人机的飞行时，我们设定无人机绕 *X* 轴向右滚转（机身左高右低）为正，向左滚转（机身左低右高）为负。当无人机接收到右滚转指令时，如图 3-13（b）所示，就要增大 M4、M5 和 M6 电机的转速，同时减小 M1、M2 和 M3 电机的转速，这样就可以产生使机体右滚转的力矩。

而当收到左滚转指令时，就要增大 M1、M2 和 M3 电机的转速，同时减小 M4、M5 和 M6 电机的转速，用以产生使机体向左滚转的力矩。

表 3-9 是六旋翼无人机绕 *X* 轴做左右滚转运动时的飞行控制方法。

表 3-9 六旋翼无人机绕 *X* 轴的滚转运动

电机	左低右高的左滚转	左高右低的右滚转
M1、M2、M3 电机	加速	减速
M4、M5、M6 电机	减速	加速

（4）偏航运动（绕 *Z* 轴旋转）

在控制无人机的飞行时，我们设定无人机向右偏航（绕 *Z* 轴顺时针）为正，向左偏航（绕 *Z* 轴逆时针）为负。当无人机接收到右偏航指令时，如图 3-13（b）所示，就要增大 M1、M3 和 M5 电机的转速，同时减小 M2、M4 和 M6 电机的转速，使之产生让机体右偏航的力矩。可见，无人机机体的偏航方向与减小转速的 3 个电机的旋转方向是一致的。

同理，当接收到左偏航指令时，就要增大 M2、M4 和 M6 电机的转速，同时减小 M1、M3 和 M5 电机的转速。因为转速增大的 M2、M4 和 M6 电机都是顺时针旋转的，所以对于无人机整体而言就产生了使机体绕 *Z* 轴逆时针旋转的力矩，进而导致无人机完成了绕 Z 轴逆时针的左偏航运动。

表 3-10 是六旋翼无人机绕 Z 轴做偏航运动时的飞行控制方法。

表 3-10　六旋翼无人机绕 Z 轴的偏航运动

电机	绕 Z 轴顺时针偏航	绕 Z 轴逆时针偏航
M1、M3、M5 电机（逆时针旋转）	加速	减速
M2、M4、M6 电机（顺时针旋转）	减速	加速

下面介绍剩下的两个飞行控制原理，即无人机的前进与后退（沿 X 轴的整机前后移动）和无人机的侧向运动（沿 Y 轴的整机左右移动）。与四旋翼无人机相似，六旋翼无人机的这两个飞行控制原理也是建立在无人机的俯仰运动和滚转运动基础上的。因此，在这里就不详细论述了，请参考前面四旋翼无人机的这两种飞行控制原理来分析学习。

表 3-11 给出了六旋翼无人机在做整机的前进与后退（沿 X 轴的前后移动）时的飞行控制方法，表 3-12 是无人机沿 Y 轴做向左和向右移动时的飞行控制方法。

表 3-11　六旋翼无人机沿 X 轴的前进与后退

电机	后退	前进
机头电机 M1、M6	适量加速	适量减速
机尾电机 M3、M4	适量减速	适量加速
机身两侧电机 M2、M5	恒速	恒速

表 3-12　六旋翼无人机沿 Y 轴的左右移动

电机	向左移动	向右移动
M1、M2、M3 电机	适量加速	适量减速
M4、M5、M6 电机	适量减速	适量加速

需要指出的是，上面的分析与说明都是四旋翼和六旋翼无人机在各种飞行控制方式上的原理。而在实际情况中，因为无人机重心分布有可能稍偏以及受风力等多种外界因素的影响，无人机即使是处于空中静止悬停的状态时

6个电机的转速也是不完全一样的。通常需要利用无人机搭载的高度计和陀螺仪等设备的配合并通过控制算法来分配每个旋翼电机的转速，因此在进行无人机的操控分析和实践时，应该参照上面的控制原理灵活地根据实际情况来进行处理。

在了解了上述的六旋翼无人机在图3-13（b）所示旋翼布局情况下各种不同的飞行控制原理之后，请读者自行分析图3-13（a）所示旋翼布局的飞行控制原理。

3.4 本章小结

本章较为详细地介绍了旋翼无人机的主要硬件和飞行控制原理。主要内容如下。

① 旋翼无人机机架常用的材料有尼龙塑胶、玻璃纤维、碳纤维、铝合金等。其中碳纤维是最理想的机架材料，而尼龙塑胶机架对于入门级玩家而言具有最高的性价比。

② 轴距与轴数是机架的两个重要参数。

③ 旋翼无人机的必备硬件包括飞控板、高度计、GPS模块、电机、电调，以及螺旋桨、电池和遥控器等。

④ 四旋翼无人机在三维空间中的飞行姿态主要包括垂直运动、俯仰运动、滚转运动和偏航运动四种。而无人机的前进与后退（沿X轴的整机前后移动）和无人机的侧向运动（沿Y轴的整机左右移动）是建立在无人机的俯仰运动和滚转运动基础上的。

⑤ 无人机偏航运动的原理，即无人机的旋翼在转动过程中由于空气阻力的作用会形成与电机转动方向相反的反扭矩。所以需要相邻两个电机的旋转方向相反，并且要保证在对角线上的两个电机的转动方向相同。

⑥ 六旋翼无人机在飞行时根据旋翼的布局主要有两种控制方式。

第 4 章 六旋翼无人机的组装

本章将详细讲解六旋翼无人机的几个主要硬件以及整机的安装过程。

4.1 六旋翼无人机的配件

经过对前面章节基本知识的学习，相信读者已经对六旋翼无人机的结构和控制原理有所了解。在此基础上，本章将利用下列配件（参考 3.1 节和 3.2 节的内容）带领读者逐步完成六旋翼无人机主要硬件的组装。完成组装之后我们将在下一章介绍对六旋翼无人机的操控。

4.1.1 选择无人机配件的原则

4.1.1.1 六轴机架

机架是六旋翼无人机的主体结构。在选择机架时需要结合无人机的工作任务，以此来确定机架的强度与性能，还要综合考虑机架的材料、尺寸、负载能力、结构和价格等多方面因素。当然，首要的还是要保障机架的质量和可靠性，同时要为任务需求留出设计余量，这样才能确保无人机在飞行时具有安全和稳定裕量。我们在机架的选择上主要考虑下面几个方面。

① 材料：机架应该在保证强度的前提下追求轻量化，并具有良好的抗风、抗冲击和抗变形能力。如前所述，常用的材料有尼龙塑胶、玻璃纤维、碳纤维复合材料、铝合金等。

② 尺寸：选择机架的尺寸时应该结合无人机的工作任务、工作环境、总体尺寸、电机功率等因素，并且要保证无人机的重心位置和稳定性。

③ 负载能力：负载对飞行稳定性具有很大影响。如果增加飞行负载就需要更大功率的电机和容量更大的电池来保证稳定性，这样又会增加无人机整体的重量和控制难度。而且如果负载过大，就有可能导致主体支撑材料的变形、断裂等问题。

④ 结构：机架在结构上应该是简单、稳定、可靠的，并且应该易于维护。六旋翼无人机的机架大多是多层结构，负载能力比四旋翼更强。此外，机架应该便于安装和拆卸所搭载的各种配件（如电机、电池、GPS 模块等）。

需要注意的是，在机架上一般会有很多开孔，这些孔洞的设计是为了在机架上便于安装不同的配件。而且为了能够让用户根据配置的不同而选择更适合的安装位置，通常孔洞的个数有很多。但是这些开孔将会在机身上产生多个应力集中点，若是孔洞集中在某个区域，就会导致该区域的强度显著降低，从而增加机身被破坏的风险。此外，还应注意开孔的形状和边缘是否已经被处理好，这是因为尖锐的边缘也会使得应力过于集中。因此若有必要开孔的话，圆滑的边缘可以有效地减少应力的集中。

⑤ 价格：不同品牌和质量的机架价格差异较大，因此在选择机架时需要考虑自己的预算和任务需求。

4.1.1.2 电机和电调

无人机在飞行时获得升力和推力的动力系统是由电机和电调组成的。在选择时需要考虑以下需求。

（1）电机

选择合适的电机对无人机的稳定控制至关重要，可靠性高的电机能够提高无人机的安全性和稳定性。一般需要考虑如下几个参数。

① 最大功率：要根据无人机的旋翼个数和用途来确定电机的最大功率。对于负载能力更强的重型无人机而言，就需要选择更大功率的电机以提供足够的升力和推力。

② 与机身是否匹配：无人机机架上的安装孔位有可能会限制电机的尺寸。所以在选择电机时还需要确认是否能够安装在无人机的机架上（如有必要的话，也可以在确定电机之后再定制机架）。

③ 电机的 *KV* 值：*KV* 值表示每 1V 电压下电机空转的转速（*KV* 值 = 转速 *n*/ 电压 *U*）。*KV* 值的大小会影响电机的转速和扭力。一般来说，*KV* 值较低的电机在同等电压下转速较低，但扭力较大，所以适合搭载大尺寸的桨叶（大桨）。如果 *KV* 值较低的电机配小桨，就会降低电机的效率。而 *KV* 值较高的电机在同等电压下的转速较高，但因为扭力较小，所以只能搭载小桨。如果 *KV* 值较高的电机配大桨，会极大地增加电机的负担，甚至会被烧毁。

④ 响应灵敏度：响应灵敏度高的电机对控制信号的响应速度和准确性更高。具有高响应灵敏度的电机可以更快地调整无人机的飞行状态，更精确地控制无人机的飞行轨迹，更快速地响应风力、气流等外部干扰，因此能够有效地减少偏差和误差，提高无人机的飞行效率和安全性。

⑤ 噪声：对于空中拍摄等特定的应用场景，需要选择噪声较低的电机以减少对拍摄效果的影响。

（2）电调（ESC，Electronic Speed Control）

电子调速器简称为电调，用于调节电机的转速。电调接收来自飞控板的控制信号并直接调整电机的输出功率。在确定电调时需要考虑以下因素。

① 电流调节范围：首先要保证电调的电流调节范围满足电机满功率运行，这样才能防止无人机在飞行过程中的电流过载。

② 与机身的匹配：电调的尺寸同样要适于安装在无人机的机架上。因此，在选择电调时也需要考虑是否与无人机的设计和结构相匹配。

③ 保护功能：电调应该具有防过热、防过流、防打火等保护功能，这样才能确保无人机的安全和稳定。有些电调还具备自动制动功能，能够在无人机进行急转、变线、制动等动作时有更快的响应速度。

④ 兼容性：电调应该与无人机的电机、电池等兼容，用以确保无人机的正常运行。

4.1.1.3 飞控系统

无人机的飞控系统通常包括了主控、惯性测量单元（例如陀螺仪、加速度计）、磁力计、气压计、GPS、电源板。在选择无人机的飞控系统时，需要考虑以下因素。

① 功能：在不同的飞控系统中，传感器的配置与其精度都各不相同，所以需要根据用途来选择。

② 可靠性：飞控系统是确保无人机安全性和稳定性的决策系统。目前大部分的飞控系统在有一个或多个电机失灵甚至机臂断裂的情况下也可以保证无人机的自主降落。

③ 兼容性：飞控系统需要与无人机的其他配件（如电机、电池、GPS 模块等）兼容。

④ 价格：在满足了上述条件的情况下可以选择符合预算的飞控系统。如果纯粹是为了便宜而购买了比较普及但操控较难的飞控系统，那么对于入门级玩家的操控实践将是一个极大的挑战。而如果一开始就购买价格较高、功能较全的飞控系统，万一由于经验不足而造成坠机将是很大的损失，而且对于入门级玩家而言，很多功能暂时是接触不到的。

在这里有一个比较好的建议，就是可以先通过模拟器来进行仿真训练。通过模拟器的练习达到熟练程度之后再进行实际的操控，将大大减少因为不熟练而造成的不必要的损失。

4.1.1.4　遥控系统

遥控系统包括发射器与接收机。发射器（即常说的遥控器）是用来操控无人机的设备，而接收机是被安装在无人机上用于接收从遥控器传过来的指令的设备。在选择无人机的遥控器与接收机时需要注意以下几点。

① 通信协议：遥控器应该与接收机的通信协议兼容。例如，如果遥控器使用某种协议发送信号的话，那么就应该选用支持同种协议的接收机。

② 通道数：根据无人机的任务不同，其搭载的外部配件和控制对象的数量也不完全相同。而遥控器的通道数就是指可以控制的环节的数量。例如，如果无人机只是进行空间的上下前后左右运动及旋转，那么4通道遥控器（分别用来控制3.3节介绍的垂直、俯仰、滚转和偏航）就基本可以满足要求。但是如果还需要进一步遥控无人机的起落架和照相机等设备的话，就要选择更多通道数的遥控器了。当然，接收机的接收通道数应该与之相匹配。

③ 抗干扰能力：无人机在飞行环境中可能存在着较强的无线电和磁场干扰等，所以选择接收机时要提前确认工作环境情况。此外还要注意不同遥控器都有不同的失控距离，所以要选择确保能够在有效控制范围内的遥控系统。

④ 摇杆的灵敏度：遥控器摇杆的灵敏度（即手感）对于无人机的操控非常重要。在选择遥控器时操控者要注意摇杆的手感是否适合自己。

⑤ 重量和尺寸：因为遥控器是无人机操控者直接手持的，所以它的重量和尺寸将影响对无人机的长时间操控效果。而接收机因为是被安装在无人机上的，所以它的重量和尺寸将直接影响无人机机体的结构和性能。

⑥ 自定义按键：现在很多遥控器都允许用户根据自己的习惯自定义某些按键和组合键的功能，这样就满足了用户的不同使用需求和操控习惯。例如可以定义某个功能键或者同时按下某几个特定键就能够完成一个为无人机预先设计好的飞行动作组合。

表4-1给出了几种不同型号的乐迪接收机支持的遥控器型号、通信协议模式和通道数。可见，我们需要根据无人机不同的任务要求来配对选择遥控器和接收机。

表 4-1　不同型号的乐迪接收机与其支持的遥控器、模式和通道数对照表

型号	支持遥控器	电压	支持模式	通道数
R12DS	AT10.AT10 Ⅱ	5V	PWM.SBUS	12
R12DSM	AT9.AT9S.AT10.AT10 Ⅱ	5V	PWM.SBUS	12
R9DS	AT9.AT9S.AT10.AT10 Ⅱ	5V	PWM.SBUS	9
R8FM	T8FB	5V	PWM.SBUS	8
R8EF	T8FB	5V	PWM.PPM.SBUS	8
R6DS	AT9.AT9S.AT10.AT10 Ⅱ	5V	PWM.PPM.SBUS	6
R6SM	AT9.AT9S.AT10.AT10 Ⅱ	5V	PPM.SBUS	10

4.1.1.5　电池

电池为整个无人机系统提供了动力源。在选择电池时需要考虑以下因素。

① 电池类型：无人机主要使用锂聚合物电池和锂离子电池。锂聚合物电池具有高能量密度、轻量化、形状灵活等优点，适于小型无人机。锂离子电池具有高安全性、长寿命、大容量等优点，适用于大型无人机。

② 电池容量：电池容量决定了无人机能够持续飞行的时间。需要根据无人机的工作任务和使用环境来选择合适的电池容量。这是因为电池的容量越大则飞行时间越长，但电池自身的重量也会增加。

③ 放电倍率：放电倍率是指电池在短时间内放出大量电流的能力。无人机在起飞、爬升、加速等过程中需要大电流支持，因此需要选择放电倍率高的电池。通常放电倍率越高则电池的性能越好，但也会增加电池的重量和成本。

④ 安全性：无人机电池的安全性至关重要。需要选择具有过充、过放、过温、过流等保护功能的电池，具有这些功能的电池可以避免电池损坏或起火等安全事故。此外还需要考虑电池的循环充放电使用寿命、充电速度等因素。

⑤ 兼容性：无人机电池需要与各种配件兼容，因此要确认电池的电压、

电流等参数是否满足电机、电调和传感器等的供电需求。此外，无人机电池的重量会直接影响飞行性能和效率，所以在满足需求的前提下，要尽量选择轻量化的电池以减轻无人机的负担。

4.1.1.6　线材及其他配件

表 4-2、表 4-3 和表 4-4 分别给出了组装六旋翼无人机所必需的线材、其他配件以及航拍时需要的一些器材。

表 4-2　组装六旋翼无人机所需的线材

名称	用途
数据连接线	用于无人机和其他设备之间的数据传输、传感器校准或程序烧录等操作。也用于无人机各个部件间的通信，如飞控板与电机、传感器之间的连接
电源线	连接电源与飞控系统，为电机与主控等提供电源
螺栓和螺母	用于固定无人机的各个部件

表 4-3　组装六旋翼无人机所需的其他配件

名称	用途
螺旋桨	为无人机提供飞行时的升力和推力
保护罩	保护无人机桨叶和机身，减轻其在飞行中受到剐蹭时的损坏程度
充电器和电源适配器	要使用专用的锂电池平衡充电器给电池充电

表 4-4　无人机的航拍器材

名称	用途
摄像头	拍摄照片和视频，是航拍的核心部件
存储卡	用于存储航拍时的照片和视频
图传	用于将摄像头所拍摄的画面传输到地面上
视频接收机	实时查看从无人机摄像头传回的图像和视频
云台	无人机在空中飞行时会产生一些抖动，而搭载在无人机上的云台可以自动地减少（抵消）抖动的影响，所以要将摄像头放置在云台上

例如，一套比较典型的中档航拍器材配件为：鹰眼 8S 4K 运动相机，TS832S 40 频点图传，PC 视频接收机 5.8G，飞越金属三轴云台，高清显示屏接收一体机。

4.1.2 六旋翼无人机的配件清单

综上所述，根据以上这些选择六旋翼无人机配件的原则和我们的经验，选定了组装六旋翼无人机（见图 4-1）的主要器件，分别为领航 L700 六轴机架（当然，如果您有了组装无人机的经验，也可以选用其他型号的六旋翼机架）、大疆 A2 飞控系统（见图 4-2）、大疆动力套装（见图 4-3，包括桨叶、e800 无刷电机和 620S 电调）。参考表 4-1，遥控器与接收机我们分别测试了 AT10 遥控器［见图 4-4（a）］与 R12DS 接收机［见图 4-4（b）］，以及 AT9S 遥控器［见图 4-4（c）］。

图 4-1　六旋翼无人机

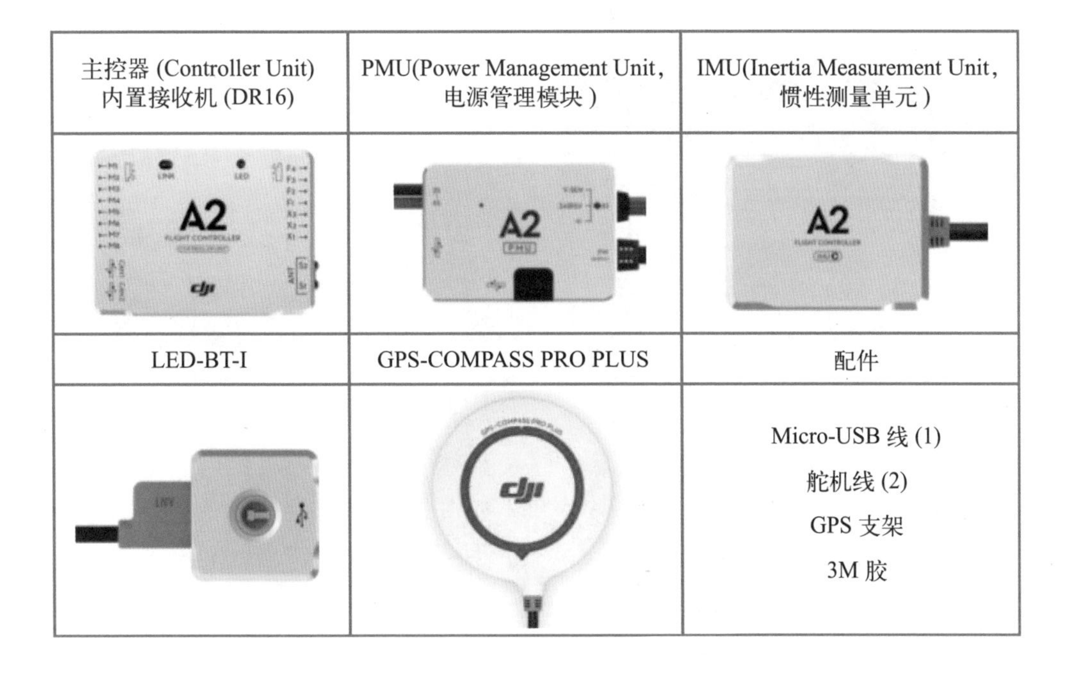

主控器 (Controller Unit) 内置接收机 (DR16)	PMU(Power Management Unit， 电源管理模块)	IMU(Inertia Measurement Unit， 惯性测量单元)
LED-BT-I	GPS-COMPASS PRO PLUS	配件
		Micro-USB 线 (1) 舵机线 (2) GPS 支架 3M 胶

图 4-2　大疆 A2 飞控系统及其线材

(a)大疆动力套装

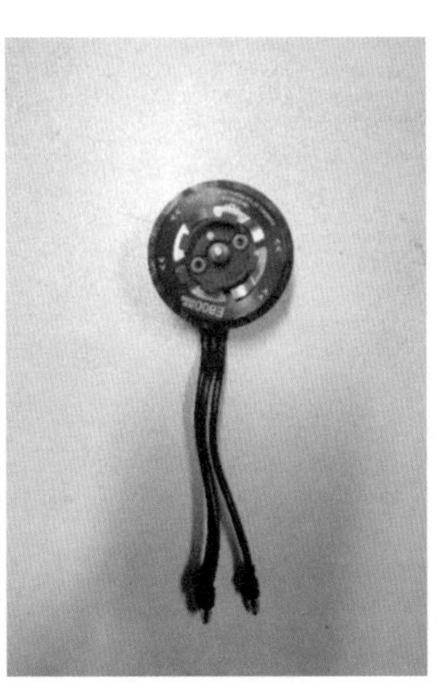

(b)e800无刷电机

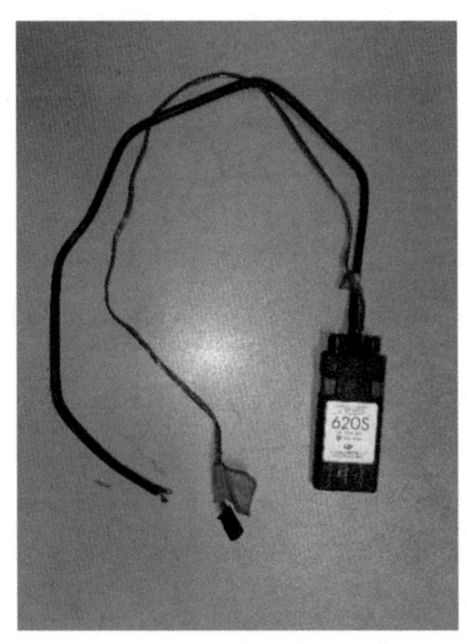

(c)620S电调

图 4-3　大疆动力套装

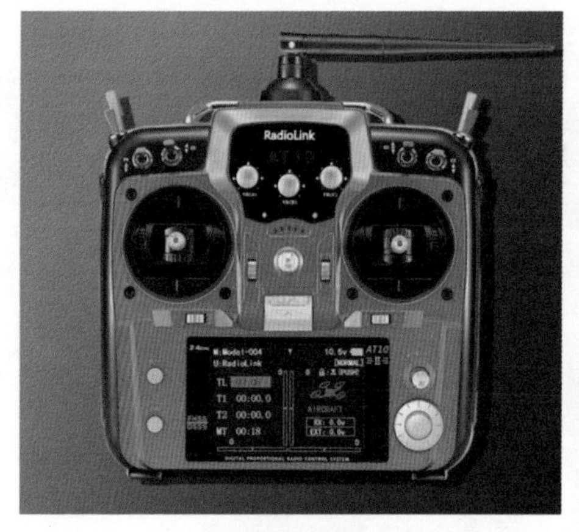

(a)AT10遥控器

(b)R12DS接收机

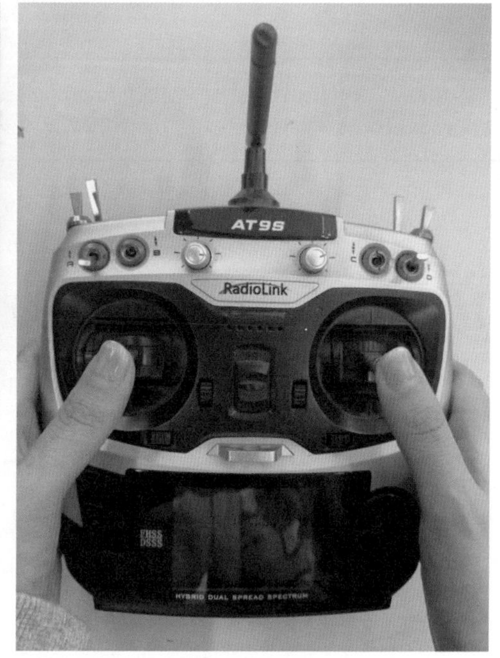

(c)AT9S遥控器

图 4-4 遥控器与接收机

4.2 组装六旋翼无人机

本节介绍六旋翼无人机主要结构的组装，包括机架的主体结构、机臂、脚架和电调，下一节介绍飞控系统的安装与调试。

机架是无人机的主体部分，它支撑着整个无人机并为无人机搭载的各部件提供安装位置。机架的组装看似简单，其实在组装过程中有很多需要注意的地方，例如机臂是否装反、中心板的安装方向是否错误等。

本书采用的机架是一款碳纤维材质的六旋翼无人机机架，它由 6 个机臂（每个机臂包括碳纤维管 1 根、电机固定板 2 片、塑料固定装置 1 块、金属连接器 1 块）、2 根脚架和主体结构（包括支撑板两块、侧支撑板 6 块、支撑铝块、铝柱若干、各类螺栓若干）组成。同时每个机臂上的旋翼都要由一套大疆动力套装（包括 620S 电调与 e800 无刷电机）来驱动。

我们在介绍机架的组装过程中会围绕共性问题和主要步骤详细讲解，同时也请读者根据自己选择的套件并参照对应的说明书完成组装。机架主体结构的组装并不难，按照说明书提供的组装步骤和图解，就能利用配套的铝柱和螺栓将 2 块支撑板、6 块侧支撑板以及支撑铝块组装起来。下面我们介绍如何将机臂、脚架以及电调分别安装到机架的主体结构上。

4.2.1　组装机臂和动力套装

如图 4-5 所示，组装每一个机臂都需要一套大疆动力套装中的 e800 无刷电机与 620S 电调［参考图 4-3（b）和（c）］，以及一套机臂配件（碳纤维管 1 根、金属连接器 1 个、塑料固定装置 1 块、电机固定板 2 片）。2 片电机固定板是分别从机架的上面和下面来固定电机的。在后面的介绍中，我们将上面的电机固定板简称为“电机固定板（上）”，将下面的电机固定板简称为“电机固定板（下）”。因为是六旋翼无人机，所以一共需要 6 套图 4-5 所示的机臂配件。组装步骤如下。

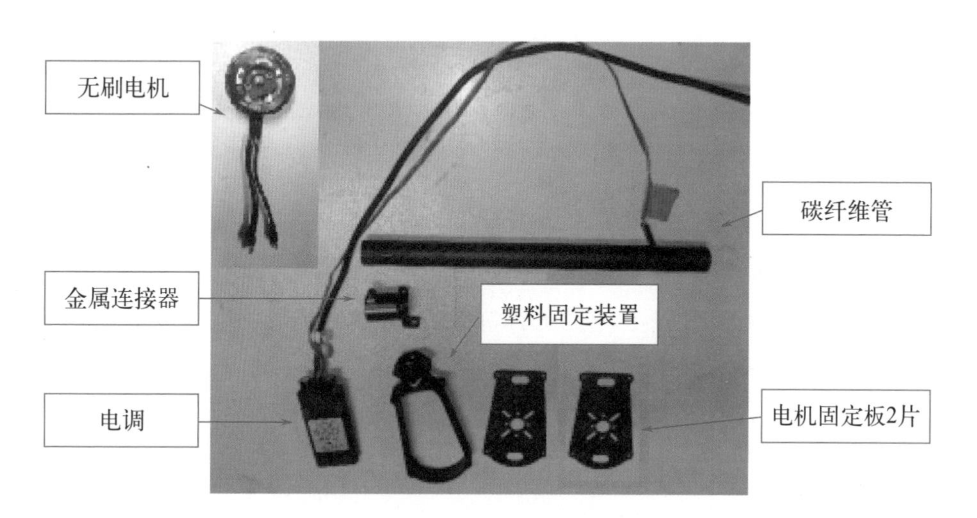

图 4-5　组装一个机臂所需的配件

① 如图 4-6 所示，将 620S 电调的电源线与信号线穿过电机固定板（下）上的孔位和塑料固定装置，并从碳纤维管的内部穿过（这样做是为了减少在机身外部走线，从而可以防止电线与旋翼发生剐蹭）。电调可以在接口处使用贴纸进行标记，防止过多的内部走线交叉造成接线错误，因为如果电调连接错误，就可能会导致桨叶伤人等危险事故。

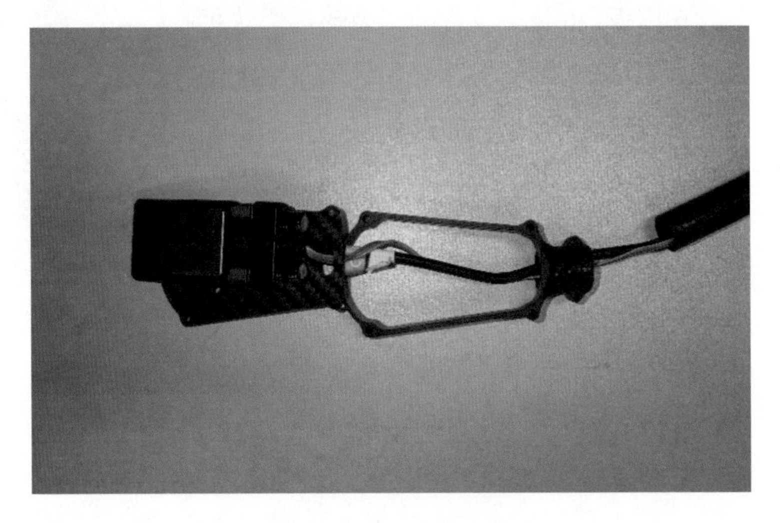

图 4-6　处理好电调的引线

小知识

因为在组装无人机的时候会处理很多连接线（包括电源线和信号线等），所以应该养成在不同的连接线上粘贴写有不同文字标签的好习惯，例如在标签上注明“飞控的电源正极”“连接 1 号电机和电调”等文字。这样既便于自己组装时不出错，也便于其他人在检查时作为依据。如果字数太多而不便于写在小标签上，可以在标签上只写一个编号并用记录本写清楚每一个编号代表什么意思。

② 如图 4-7（a）所示，使用配套的螺栓将塑料固定装置与碳纤维管进行固定。要使电机固定板（下）与塑料固定装置贴合并注意不要挤压线路。完

成后如图 4-7（b）所示，在中间位置将电机固定板（下）与电调用扎带一起固定在塑料固定装置上。

(a)用螺栓将塑料固定装置与碳纤维管固定在一起

(b)使用扎带进行整体的固定

图 4-7　将碳纤维管、电调和电机固定板（下）固定在一起

③ 如图 4-8（a）所示，使用螺栓固定碳纤维管的另一端和金属连接器，这一端最后将连接到机架上。要注意金属连接器的安装方向，同时要注意不能挤压碳纤维管内部的线路。

需要说明的是，由于该款机臂具有旋转折叠的功能，所以需要安装塑料螺栓垫以防止多次折叠后螺栓产生松动。最后如图 4-8（b）所示，放置好螺栓垫后固定所有的螺栓。此时的成果如图 4-9 所示，这时组装机臂的工作已经完成了将近一半的工作量。

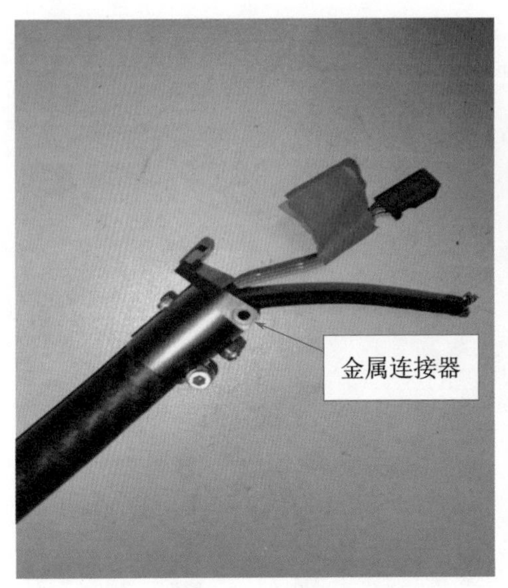

(a)将金属连接器套在碳纤维管上

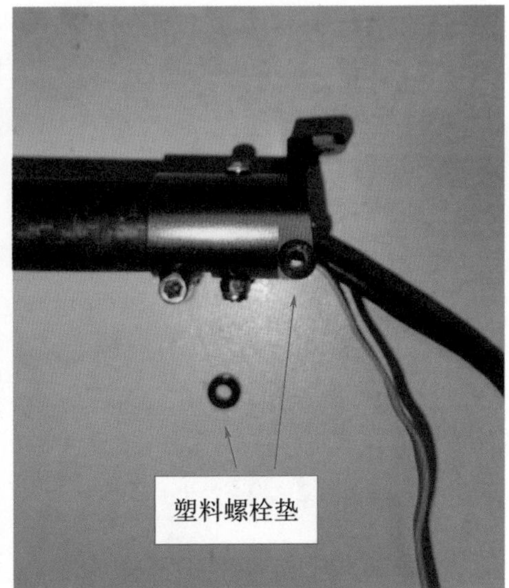

(b)用螺栓垫和螺栓加以固定

图 4-8　固定碳纤维管和金属连接器

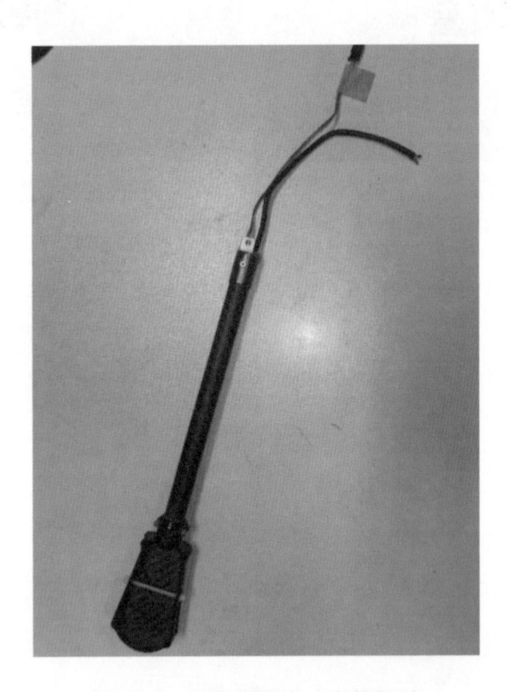

图 4-9　已经组装完一半的机臂

④ 如图 4-10 所示，准备好刚刚已安装完一半的这部分机臂，以及电机、电机固定板（上）、4 个螺栓和拧螺栓用的旋具，现在开始固定电机。这一步可以细分为如下几个步骤。

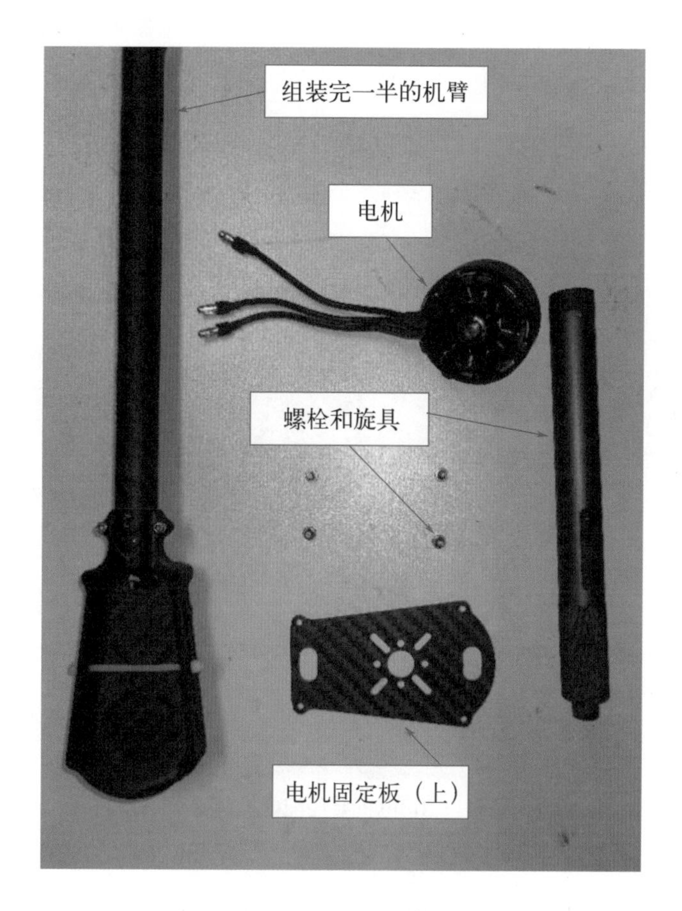

图 4-10　固定电机所需的部件

a. 首先取出电机和电机固定板（上），如图 4-11（a）所示。将电机与电机固定板（上）的孔位进行匹配，如图 4-11（b）所示，应该从电机固定板（上）能看到电机的螺栓孔。此时要注意电机所带电线是朝下的，这样便于电机线与电调线的连接。

b. 然后如图 4-11（c）所示，轻轻地将电机配套的 4 个螺栓穿过电机固定板（上）拧入电机。若螺栓还没有拧到底就进不去了，可以先将螺栓拧出来检查孔内是否有异物，也可以先轻轻松动其他孔位的螺栓，然后再次垂直拧入即可。建议不要完全拧紧一个螺栓之后再拧下一个螺栓，可以先将 4 个螺栓都轻轻地拧进去一些后再一个一个地拧紧。这样便于当有一个螺栓出现问题时可以进行位置的微调。同时在拧螺栓时一定要把螺栓垂直对正螺栓孔，也要注意不能用力过猛使孔位滑丝。

(a)电机与电机固定板（上）

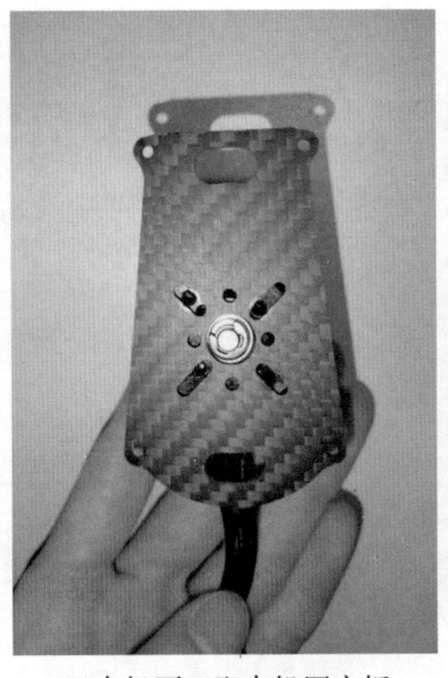

(b)电机要匹配电机固定板（上）的孔位

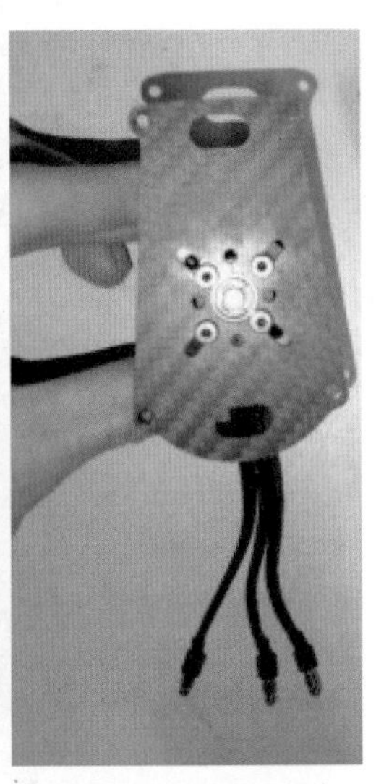

(c)已经将电机固定在电机固定板（上）上

图 4-11　利用 4 个螺栓将电机固定在电机固定板（上）上

c. 如图 4-12（a）所示，在将电机固定在电机固定板（上）上后，取出已组装好的机臂部分以及 4 套螺栓螺母。现在将电机固定板（上）与机臂部分组装到一起，利用螺栓套筒或者钳子，配合六角扳手，使下面的螺母旋紧，完成后如图 4-12（b）所示，此时注意电机线要向下。

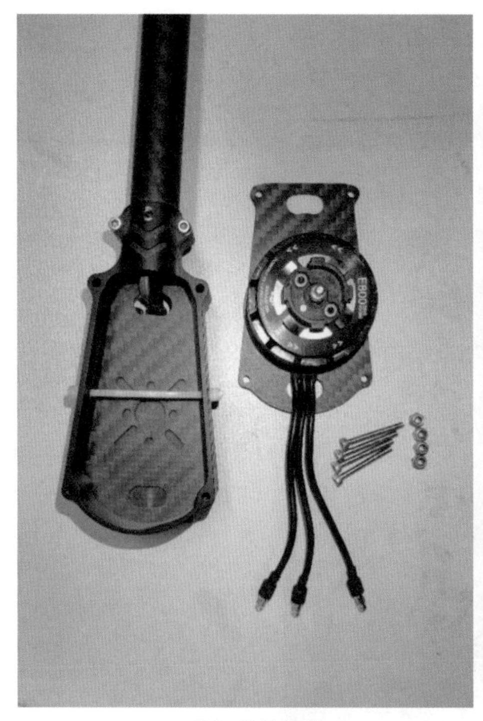

(a)待组装的部件

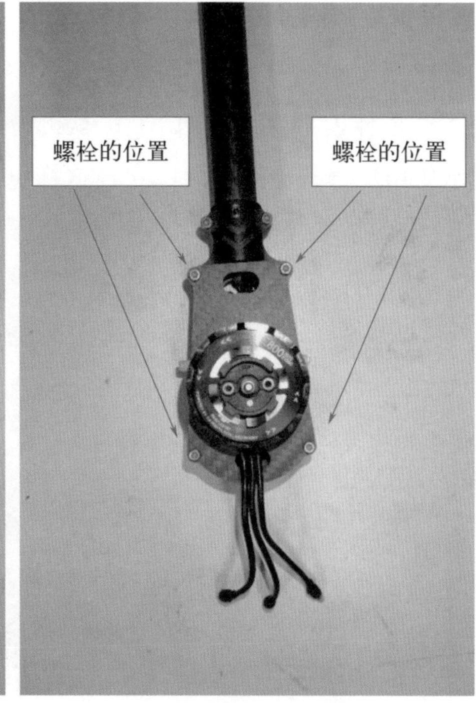

(b)基本上组装完的机臂

图 4-12　将电机固定板（上）固定到机臂

d. 如图 4-13 所示，将电机线依次插入电调内（电调和电机分别位于塑料固定装置的两侧）。

图 4-13　将电机线插入电调内

e. 最后如图 4-14 所示，将机臂有金属连接器但没有安装电机的那一端通过金属连接器利用螺栓固定到机架上（注意使电调信号线与电源线都从机架上的连接件内部穿过）。由于这款机臂具有折叠收放功能，也可以如图 4-15 所示使用配套的旋钮使之固定，这样更便于拆装。

图 4-14　将机臂固定在机架上

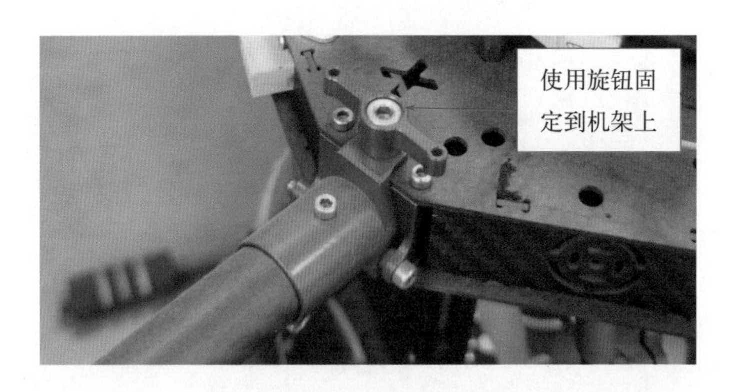

图 4-15　利用旋钮固定机臂

至此便安装好了无人机的一个机臂，请按照这个步骤组装剩余的 5 个机臂。注意，安装机臂时应该注意电机的旋转方向。这是因为前面已经提到，相邻两个电机的旋转方向必须相反。

通常在电机上会有箭头指示旋转方向，箭头指向的方向即为电机的旋转方向，还可以通过电机顶部螺纹牙方向或桨叶接口方向来判断。有条件的也可以使用电子测速器来测量电机的旋转方向。如有疑问，可以先阅读 4.3 节的内容并参考图 4-22 来确认机臂的安装是否正确。

在完成了 6 个机臂的组装之后，下面我们接着安装脚架。

4.2.2　安装无人机的脚架

如图 4-16（a）所示，一个脚架套件包括 1 个 T 字形支架、1 个金属连接件和 3 套螺栓螺母。一架无人机需要两套这样的脚架作为支撑。如图 4-16（b）所示，利用脚架的金属连接件通过螺栓螺母就可以将其固定在机架上了。

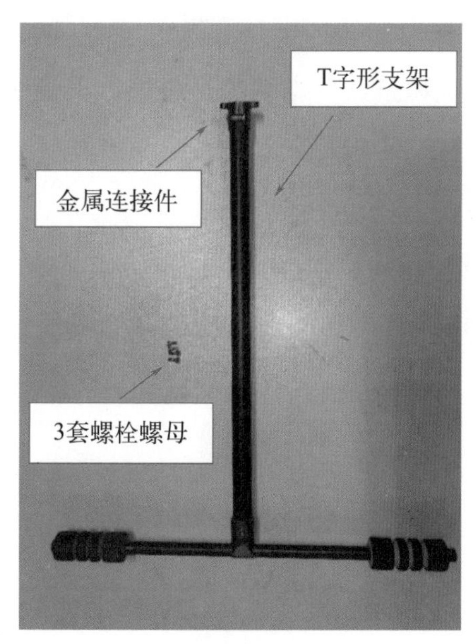

(a)脚架套件

(b)将脚架固定在机架上

图 4-16　安装无人机的脚架

至此，机架、机臂和脚架这些无人机的主要框架就组装完了。下面介绍如何安装六旋翼无人机的其他部件。

4.2.3 焊接无人机的电调

4.2.3.1 电调的焊接知识

焊接电调有两种方法：一是将电调的引线焊接到中心板自带的焊点上；另一种方法是将六旋翼无人机的 6 个电调的正极线和负极线分别焊接到一起后再分别与电源线的正负极焊接起来（适用于不带焊点的机架）。如果机架上不带焊点，也可以单独购买一块分电板来焊接电调的电源线，然后再将分电板固定在机架上。

本书采用的机架自带了一块分电板，因此先将 6 个电调的引线分别焊接到分电板上，然后再将分电板固定到机架的中心板上。

电调的电源线分正负极。电调的两根电源线通常是红黑色或者白黑色，应先参考电调的文档或电调上的标识确认哪条线是电调的正极线。正极线要焊接到下中心板的符号为“+”的焊点上，而电调的负极线要焊接到下中心板的符号为“–”的焊点上。

因此在机架下中心板内标有“+”号的焊点要与电源的正极和电调的正极线焊接在一起，而标有“–”号的焊点要与电源的负极和电调的负极线焊接在一起。

4.2.3.2 焊接工具及安全事项

焊接所用的工具包括电烙铁、焊锡丝、松香、湿海绵和放置电烙铁的台架（图 4-17）。在焊接时需要注意以下安全事项。

① 安全确认和防护工作。要确认在焊接作业的环境中没有易燃易爆物品，防止焊锡迸溅引发人员受伤或火灾等事故。还要注意因为焊锡与松香蒸

图 4-17　焊接用的工具

气对身体有害，所以必须保持充足的通风。如果是长时间大型的焊接工作，还应该戴好防护眼镜和焊接手套等个人防护用品。

② 电烙铁的使用。任何情况下都不要贸然地直接触及电烙铁头及其附近的金属部分以防被灼伤。电烙铁的供电线不能有破损，并且必须接地良好，以确保焊接过程安全。

③ 电源管理。完成焊接工作后要立即关闭电源，这是为了防止不知情的人意外触碰而发生危险。而且在更换电烙铁头时，要关掉电源并确认电烙铁头完全冷却后再进行。

有必要强调的是，青少年必须要在老师或者家长的陪同和指导下才能使用电烙铁，以避免发生触电或者烫伤事故。

4.2.3.3　电源线与电调的焊接

（1）电源线的焊接

如果套件中已经有了电源线，就无需自己制作了，如果没有的话就要自己去焊接。先分别截取 10cm 长的红色和黑色电源线各一段并准备好一个 XT60 母头电源插头。电源线的焊接分为如下几步。

① 在焊接前要先在电源插头的两个焊点上和红色与黑色两根电源线露出的金属头上分别镀锡（镀过锡之后更方便后面的焊接工作）。

② 然后将红色的正极电源线与 XT60 电源插头上带有“+”号的焊点焊接在一起，将黑色的负极电源线与 XT60 电源插头的“–”焊点焊接在一起。

③ 最后分别使用绝缘的红色和黑色热缩管将裸露的焊点包裹起来。制作完成的电源线如图 4-18 所示。

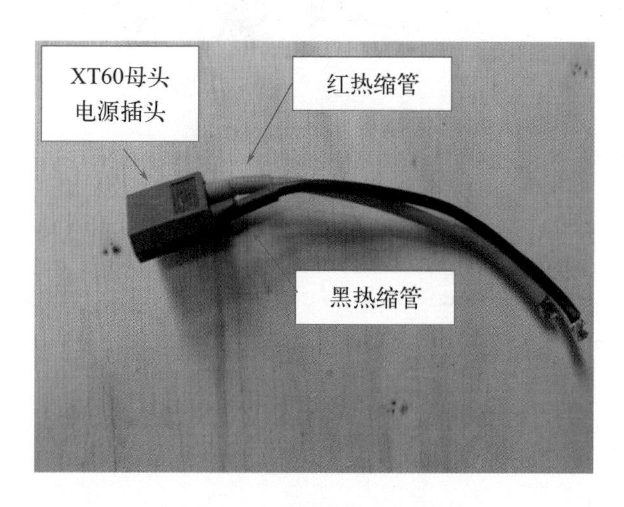

图 4-18　制作完成的电源线

（2）电调的焊接

通过前面的步骤已经将六旋翼无人机的 6 根机臂组装完毕，因此电调都已经被固定在组装好的机臂上。现在要将电调的引线焊接到机架的下中心板自带的分电板上。步骤如下。

图 4-19　六旋翼无人机用的分电板

① 六旋翼无人机的分电板如图 4-19 所示，可以看到外围的四边共有八套“+”与“–”的焊点（每边有两套），我们选择其中的 6 套分别对应 6 个电调的正

负极引线。现在在分电板的这 6 套焊点和 6 个电调的电源正负极引线上分别镀锡，然后对应地完成焊接工作。注意千万不能焊混了，要在一个电调的正负极引线焊接完成后再焊下一个电调。在图 4-19 中稍微靠近中心圆孔的矩形框内还有一套“+”与“–”的焊点，这一套焊点是用于焊接电源线的供电焊点，将在下一步使用。

② 将图 4-18 所示的已经焊好插头的电源线的另一端焊接到图 4-19 的矩形框内的这套“+”与“–”的供电焊点上。电源线的红色正极线焊接到带有“+”号的焊点上，黑色负极线焊接到带有“–”号的焊点上。完成后如图 4-20（a）所示。

在焊接时注意以下三点［见图 4-20（b）］：一是要尽量保证焊点的饱满与干净以防虚焊；二是在两个相邻焊点之间不要连有焊锡以防短路；三是在焊接时不要损坏焊点附近的其他器件和线路。

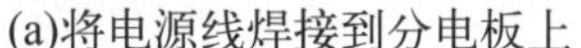

(a)将电源线焊接到分电板上　　(b)焊接时的场景

图 4-20　完成了电源线在分电板上的焊接

③ 将分电板上焊接好的所有焊点再次进行确认。然后如图 4-21 所示，利用铝柱将分电板固定在上中心板和下中心板的正中间，要把到此为止组装过程中用到的所有焊点和连接线都夹在上中心板和下中心板之间。这样做的目的是固定机身的结构并保护好被夹在中间的焊点与引线。

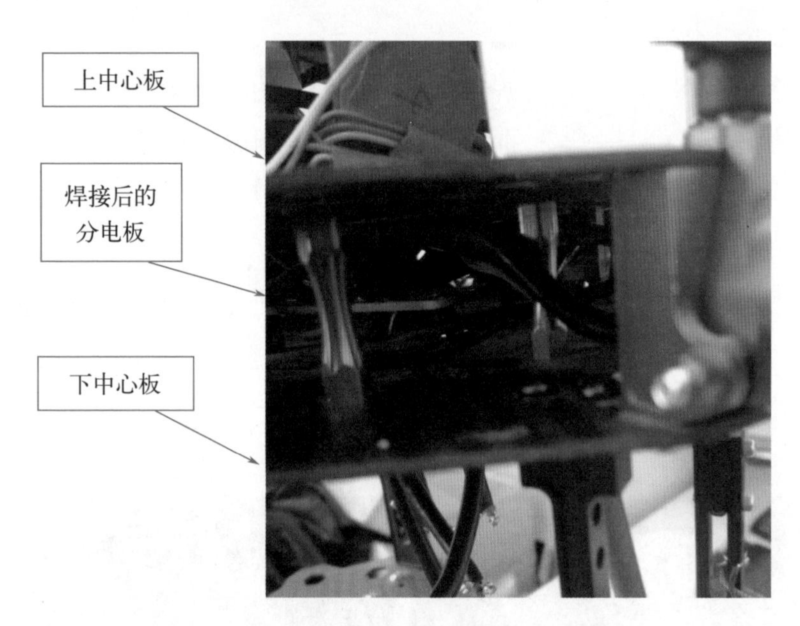

图 4-21　将焊接好的分电板固定在上、下中心板之间

4.3　安装与调试飞控系统

到此为止，已经完成了六旋翼无人机的机架、6 个机臂、2 个脚架和 6 个电调的组装工作，接下来就要安装与调试飞控系统了。本书将组装无人机时会遇到的一些共性问题和注意事项做出了详细解释，而对于一些显而易见、不难解决的安装过程在文字描述上做了适当的简略处理。如果还有不懂的地方，可参阅说明书、查阅资料或者请教有经验的玩家。

本节将介绍大疆的 A2 多旋翼飞行控制器（简称为 A2 飞控系统，见图 4-2）

在安装时的注意事项，以及利用遥控器对飞控系统进行调试的过程。这款 A2 飞控系统包括主控、高性能抗震的惯性测量单元（即 IMU，包含加速度传感器和陀螺仪）、GPS、电源管理模块（PMU）和蓝牙模块及 LED 等。大疆的 A2 飞控系统在六旋翼无人机缺少一个动力输出时（例如某个电机停转或螺旋桨射桨），仍能利用遥控器控制无人机的姿态，对无人机起到保护作用。

4.3.1　飞控系统各模块的安装

安装飞控系统（以下简称飞控）其实并不复杂，但是一定要仔细。如图 4-22 所示，大疆的 A2 飞控支持四旋翼、六旋翼或者八旋翼无人机的多种飞

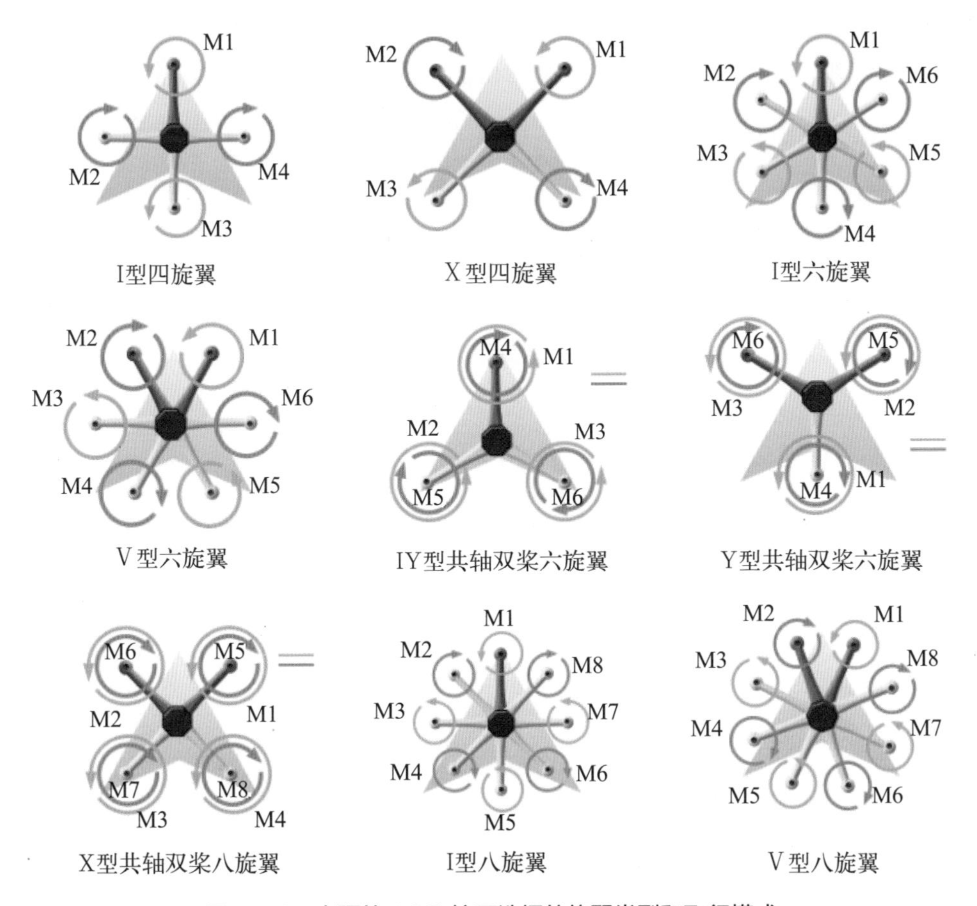

图 4-22　大疆的 A2 飞控可选择的旋翼类型和飞行模式

行模式。下面以A2飞控为主来介绍安装飞控时的一些共性问题，一般都需要考虑以下几点（适用于大多数的飞控。但有些飞控会有例外，请参照设备的说明书来正确处理）。

① 安装飞控时要分清正反面。也就是要正确区分飞控板或者飞控中的主控（见图4-23）的正反面。在安装飞控时不能颠倒，飞控的正面应该朝上安装在无人机的机架上。

② 安装飞控时要明确朝向。有的飞控在正面标有箭头，箭头方向就是安装飞控时的正前方，即无人机机头的前进方向。如果没有标明箭头，就要根据说明书来确认。

③ 安装飞控时要放对位置。飞控要安装在无人机机架的中心位置，并且要与机架的平面保持平行。这样做的目的是保证飞控所带传感器能够与无人机飞行时保持相同的位姿，因为只有这样才能正确地感知到无人机的飞行状态信息。

④ 飞控中的程序要与无人机的硬件相匹配。在飞控配套的软件中有很多可选项，而且在程序内也能够进行修改，但是如果把装有四旋翼无人机控制程序的飞控设备安装到六旋翼无人机上，那么可想而知肯定会产生非常糟糕的结果。

以上这些是安装飞控时在一般情况下需要遵守的原则。当然，各种型号的飞控具有不同的结构和配件，相应的调试与控制方式也不尽相同。在安装与调试自己的飞控时，一定还要仔细阅读并参照说明书，必要时也应该通过查询网络资源和请有经验的人来给予有效的指导。下面结合A2飞控套件中的各个设备单元来进行说明，同时也会在有些地方提及其他飞控在安装时的注意事项。

（1）安装主控（Controller Unit）

安装A2主控［见图4-23（a）］时不需要考虑安装方向，但要选择合适的位置安装，也就是一定要使主控的所有端口都不被遮挡，这样才能保证与无人机的其他配件相连接。在图 4-23（b）中，主控的各端口与其他配件的对应连接关系如表 4-5 所示，本书后面陆续介绍的其他各种配件在与主控进行连接时都要按照表 4-5 来进行操作。

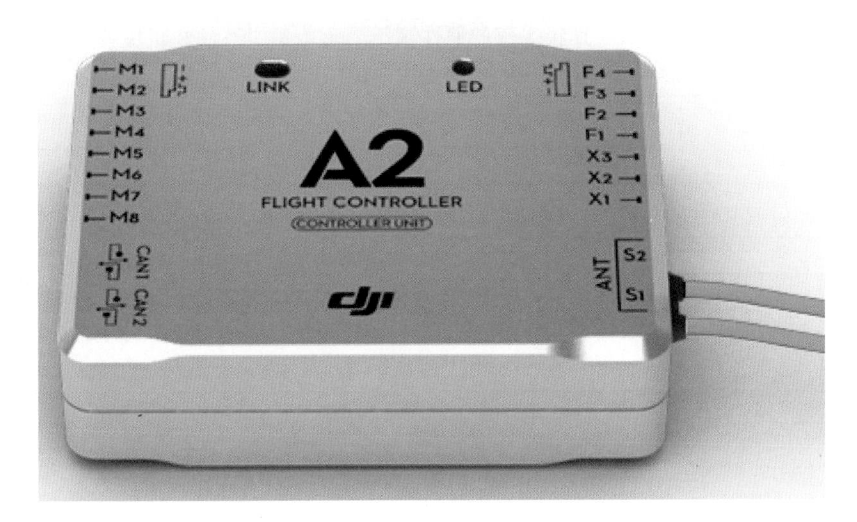

(a)A2主控

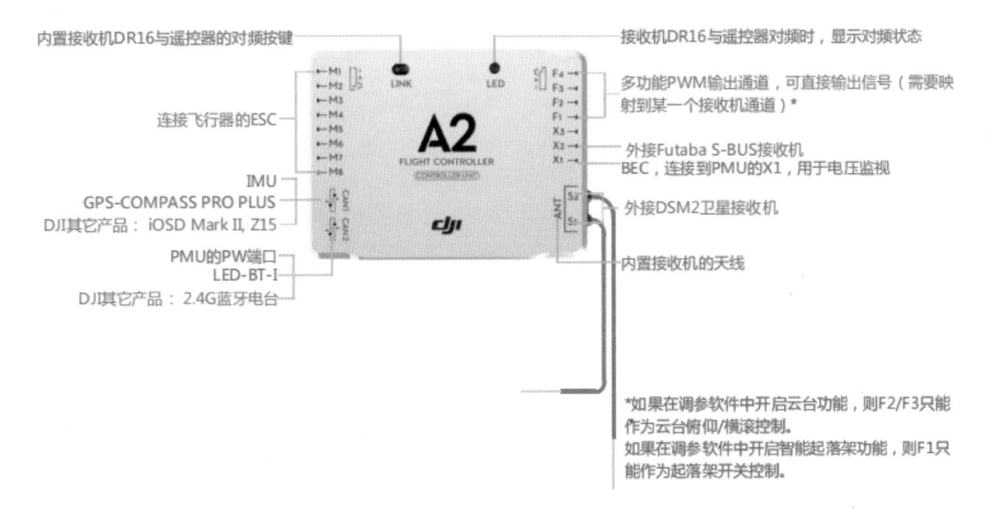

(b)A2主控的端口说明

图 4-23　A2 主控及其端口说明

表 4-5　A2 主控与其他配件的连接

A2 主控上的端口名称	与之对应的连接配件或功能
LINK	内置接收机 DR16 与遥控器的对频按键
M1 ～ M8	连接无人机的电调（最多是八旋翼）
CAN1	连接飞控的惯性测量单元（IMU）、GPS 模块或大疆的其他产品（如 iOSD Mark Ⅱ，Z15）
CAN2	连接电源管理模块（PMU）的 PW 端口、LED-BT-I 模块或大疆的其他产品（如 2.4G 蓝牙电台）
LED	当接收机 DR16 与遥控器对频时显示对频状态
F4 ～ F1	多功能 PWM 输出通道，可直接输出信号（需映射到某一个接收机通道）。如果在调参软件中开启了云台功能，则 F2 与 F3 只能作为云台的俯仰与横滚控制。如果在调参软件中开启了智能起落架功能，则 F1 只能作为起落架的开关控制
X3 ～ X1	X3：预留口 X2：外接 Futaba S-BUS 接收机 X1：BEC，连接到 PMU 的 X1，用于电压监视
ANT（S2、S1）	增加支持 JR 或 SPEKTRUM 卫星接收机，拥有两个接收机插口

在 A2 主控里藏有接收机的天线。而当某些飞控具有外接式天线时，在安装的时候就不要遮挡住天线末端，一定要尽量放在机身的下面较开阔的地方并且天线要朝向地面。如果是有两条天线，那么这两条天线应该成 90°摆放。上述这些措施都是为了使天线能够更大范围、更准确地接收到遥控器传来的指令。

为了增强系统集成度以及可靠性，A2 主控还集成了一款 2.4G 跳频接收机，它可以支持 Futaba FASS 系列以及 DJI DESST 系列的遥控器。用户无需任何连线，只需要进行对频操作就可以使用该接收机。在对频时需要使遥控器与接收机保持在 0.5～1m 距离。在 A2 的调参软件中依次选择基础→遥控器→接收机类型中配置为 DR16，对频步骤和对频过程中 LED 的指示如图 4-24（a）所示。如果是外接 S-BUS 接收机，就要在 A2 的调参软件中依次选择基础→遥控器→接收机类型中配置为 S-BUS，然后按照图 4-24（b）进行连接。如果是外接 PPM 接收机，就要在 A2 的调参软件中依次选择基础→遥控器→接收机类型中配置为 PPM，然后按照图 4-24（c）进行连接。

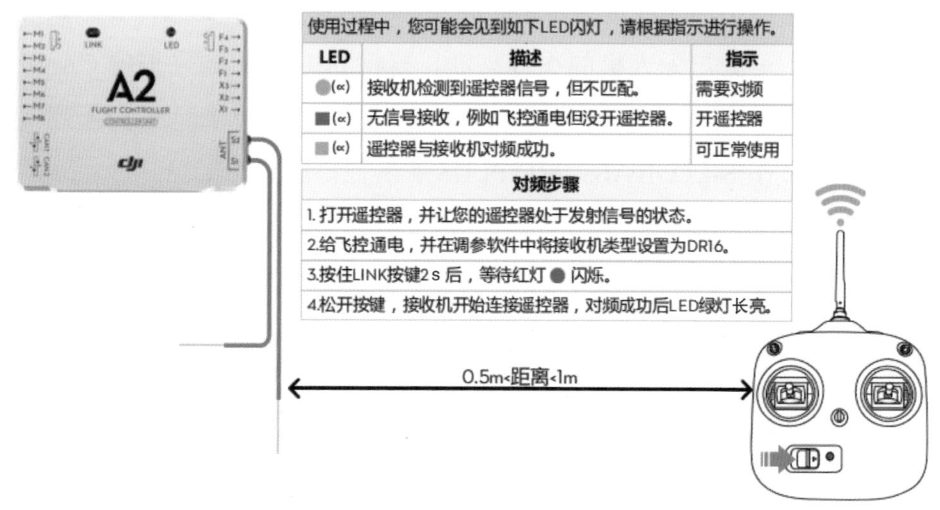

(a)使用内置接收机时的对频步骤和LED显示的状态

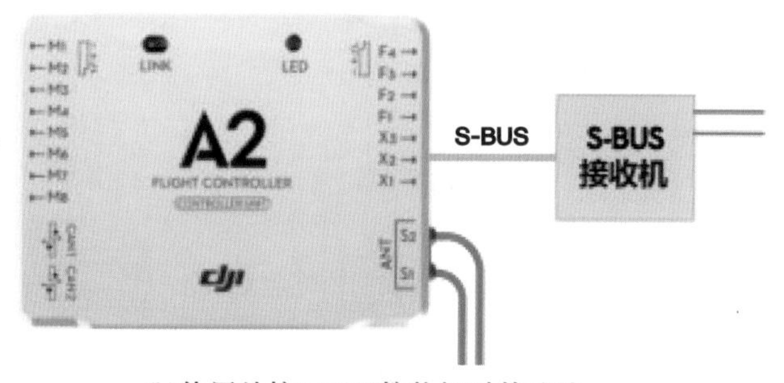

(b)使用外接S-BUS接收机时的连线

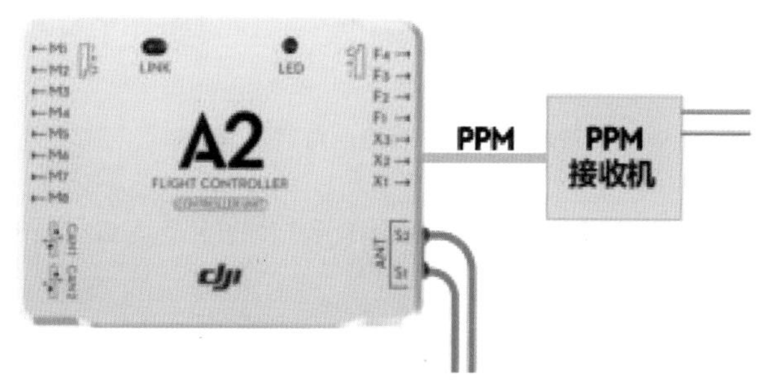

(c)使用外接PPM接收机时的连线

图 4-24　A2 主控使用不同的接收机时的连线和操作

（2）安装惯性测量单元（IMU，Inertial Measurement Unit）

惯性测量单元（IMU）如图 4-25（a）所示，它是 A2 飞控套件中的一个单元。IMU 包括了加速度传感器和陀螺仪，可测定无人机的飞行姿态。它还包含气压计，可测量无人机的飞行高度。要将 IMU 连接到主控的 CAN1 端口。IMU 带有一个 CAN-Bus 总线连接器，如图 4-25（b）所示，用于连接下面将要介绍的 GPS-COMPASS PRO PLUS 和其他模块。

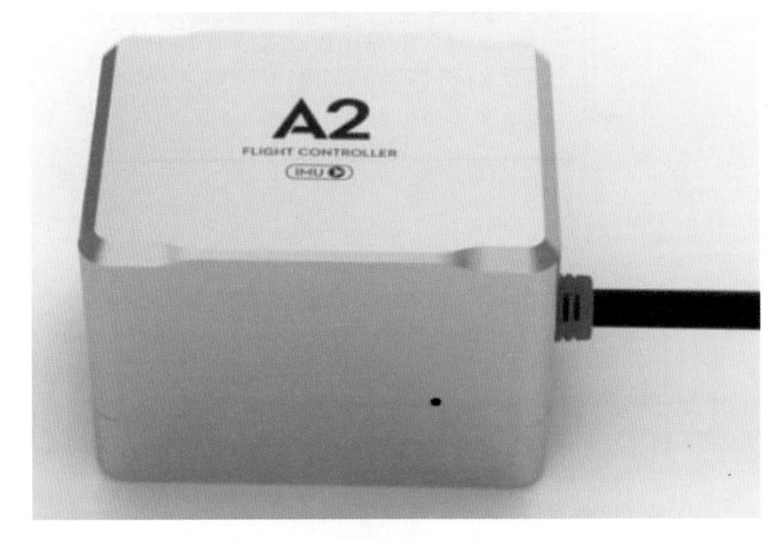

(a)大疆A2飞控套件中的惯性测量单元（IMU）

(b)IMU的CAN-Bus总线连接器

图 4-25　大疆 A2 飞控套件中的惯性测量单元（IMU）及其 CAN-Bus 总线连接器

因为它用于无人机的导航，所以在安装时一定要注意安装方向。在安装时要正面朝上，切勿倒置，并且要尽量安装在振动小的位置（接近无人机重心的地方），同时要与机身保持平行。最好是使用硬质双面胶将 IMU 固定在无人机的重心上。由于 A2 飞控都内置了减振的设计，所以无需额外地安装外框架或减振垫。

还要注意的是不能堵住气压计的入口，应保持通畅和清洁。在温度较低的环境中操控无人机时还要做好保温工作。IMU 的使用温度范围是 –5～60℃，存放时的温度要小于 60℃。

图 4-26 是大疆给出的 IMU 在飞行模式为 X 型的四旋翼无人机上的安装方向和位置要求（在完成安装之后还要按照图 4-26 给出的步骤在调参软件内进行配置）。同样，对于我们的 V 型飞行模式的六旋翼无人机，也应该按照相同的安装方向和位置要求去安装 IMU。

安装方向要求

按照下图示意，选择其中一种安装方向，并且需要在 A2 调参软件→基础→安装→IMU 方向中进行相应配置。

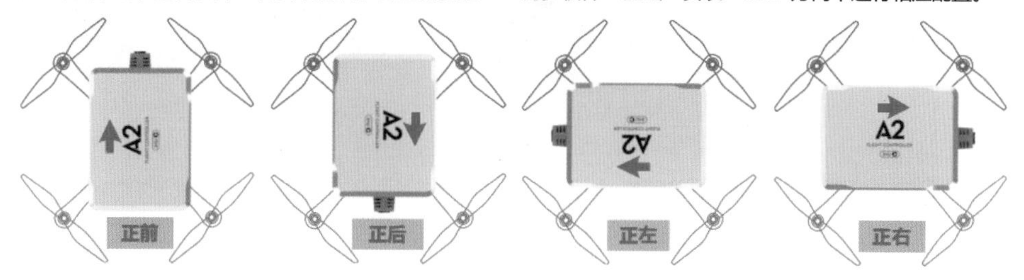

安装位置要求

请按照下面要求正确安装。

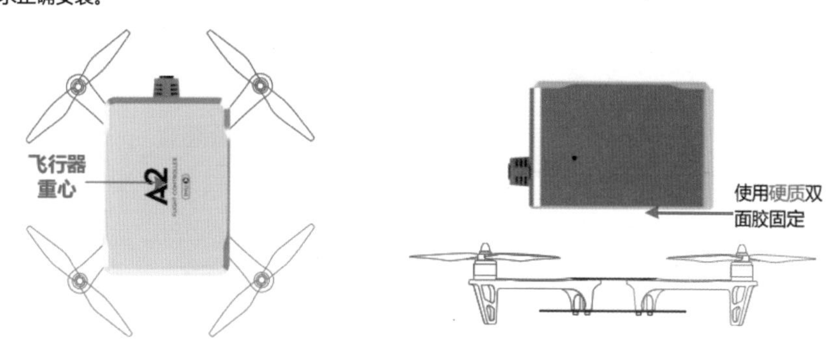

图 4-26　大疆 A2 飞控的 IMU 在四旋翼无人机 X 型飞行模式下的安装要求

（3）安装 GPS-COMPASS PRO PLUS 单元

GPS-COMPASS PRO PLUS（简称为 GPS- 指南针模块或 GPS 模块）内含 GPS 和指南针。指南针用于测量地磁场，它与 GPS 一起实现无人机在水平方向上的定点功能。因此，如图 4-27 所示，在安装无人机的 GPS-COMPASS PRO PLUS 模块时，要尽量使其与机身保持平行，并且架设在长杆上，这样可以避免其他电子设备的干扰。

图 4-27 GPS 要使用长杆架设起来

如图 4-28（a）所示，大疆 A2 飞控的 GPS 模块在安装时“DJI”字符一定要朝上，而且箭头的指向就是无人机飞行的正前方。图 4-28（b）是大疆给出的在四旋翼无人机 X 型飞行模式下 GPS 模块的安装步骤和要求，与我们的 V 型飞行模式下的六旋翼无人机是一样的。

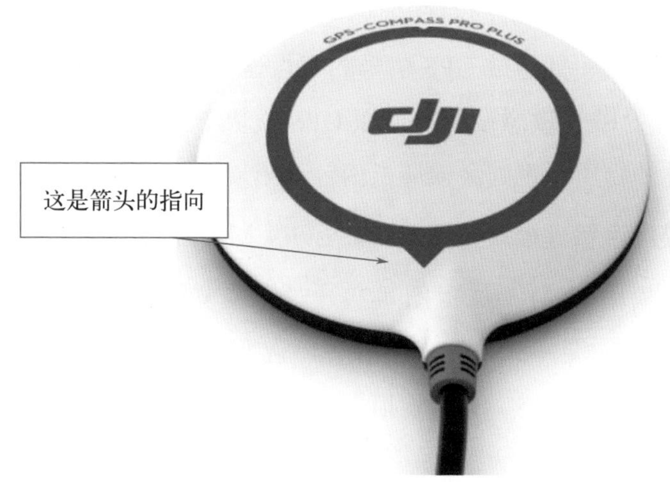

(a) 大疆A2飞控的GPS-COMPASS PRO PLUS模块

安装步骤

a)　使用环氧树脂AB胶组装GPS安装支架（尽量选用长杆）。

b)　再把支架安装在飞行器的中心盘上，然后把 GPS-COMPASS PRO PLUS 固定在支架的顶盘上，用 3M 胶纸固定。

安装要求

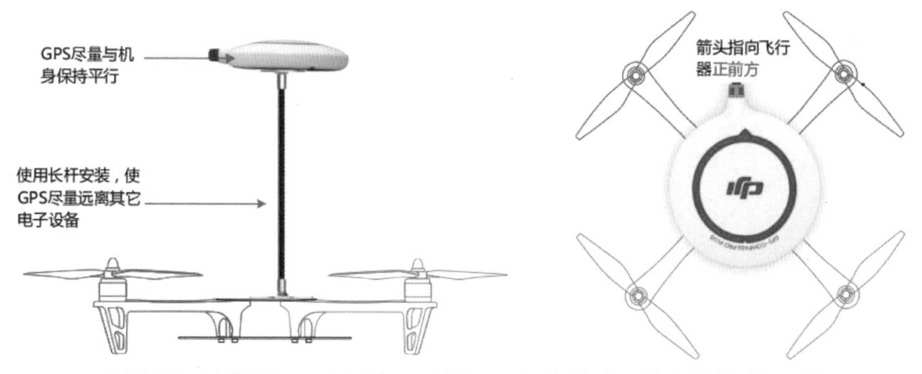

(b)大疆A2飞控的GPS在四旋翼无人机X型飞行模式下的安装步骤和要求

图 4-28　大疆 A2 飞控的 GPS 模块的安装步骤和要求

对于 GPS 模块的使用和保养，有以下两点需要注意。

① 我们在试飞无人机的时候要尽量在比较空旷的环境中，否则会影响 GPS 信号的质量（可能造成 GPS 信号的搜索速度变慢和数据变差）。

② 指南针为磁性敏感设备，所以 GPS 模块一定要远离其他的电子设备和各种带磁性的物质，否则会损坏指南针而出现飞行异常甚至失控。

（4）安装电源管理模块（PMU，Power Management Unit）

电源管理模块（PMU）（见图 4-29）对安装位置没有要求，只要是散热良好的位置即可。图 4-30 是 PMU 的端口说明，在与其他设备和电源连接时要遵守这些规定。其中，PW 端口为整个飞控供电（对外供电能力不超过 2A），PX 端口可以提供低电压保护功能（需要在飞控的调参软件的“高级”项目中进行设置），两个 CAN-Bus 端口用于连接 A2 的 LED-BT-I 模块和其他产品（如 2.4G 蓝牙电台）。

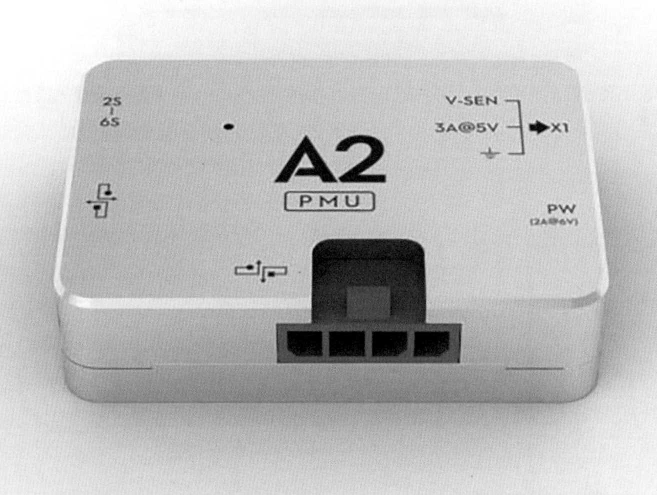

图 4-29　大疆 A2 飞控的电源管理模块（PMU）

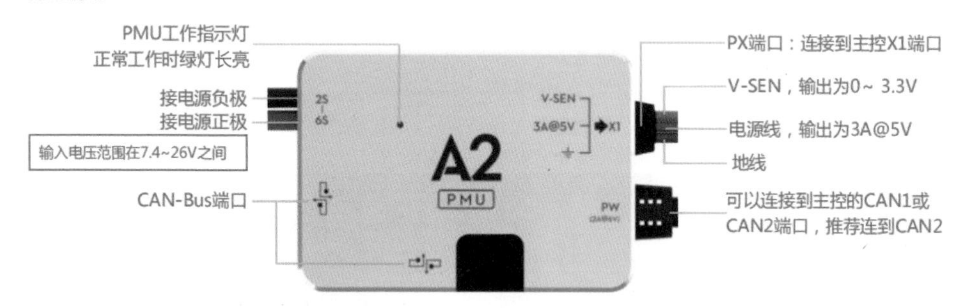

图 4-30　大疆 A2 飞控的电源管理模块（PMU）的端口说明

（5）LED-BT-I 模块

LED-BT-I 模块（图 4-31）集成了 LED 指示灯、蓝牙和 Micro-USB 接口。

LED 指示灯用于指示无人机在飞行过程中飞控系统的状态（如控制模式）。因此需要安装在合适的位置以确保在飞行过程中我们从地面上可以看到它的闪烁。一般是将它安装在下中心板的下方，使之朝向地面，如图 4-32 所示。

图 4-31　大疆 A2 飞控的 LED-BT-I 模块

蓝牙模块可与手机等移动设备进行实时无线通信，这样就可以通过移动设备对无人机进行参数的调整（调参）。在使用移动设备调参之前，需要在移动设备中安装 DJI 调参助手软件。在安装软件时，要求内置蓝牙天线的位置不能被遮挡。

Micro-USB 接口用于与 PC 机进行连接，因此也可以使用 PC 机进行调参。如图 4-32 所示，在固定 LED-BT-I 模块时应该使 Micro-USB 接口朝外，便于连接 PC 机。

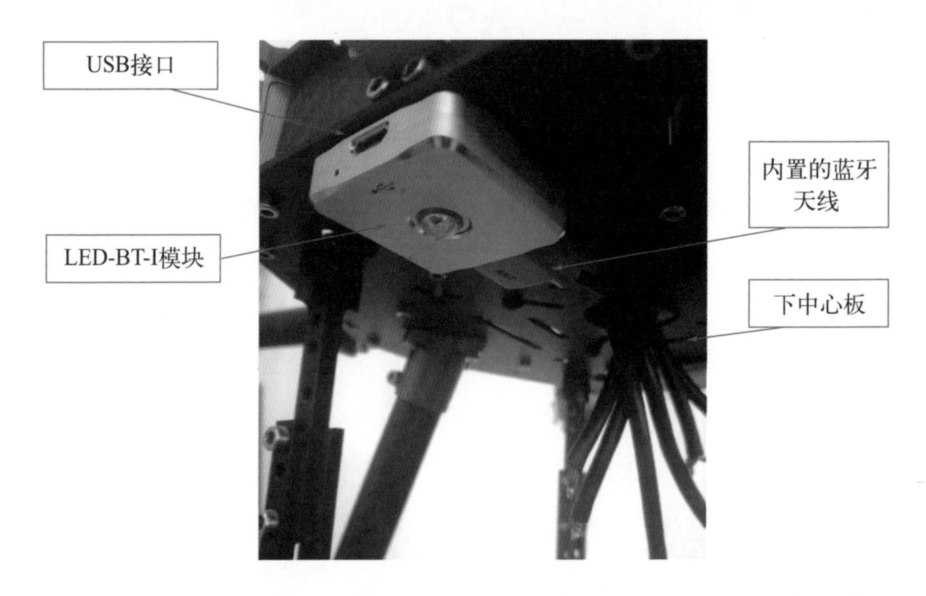

图 4-32　将 LED-BT-I 模块安装在下中心板的下方（LED 指示灯朝向地面）

大疆 A2 飞控的主控、惯性测量单元（IMU）、GPS、电源管理模块（PMU）和 LED-BT-I 模块的总接线图如图 4-33（a）所示。其中 2S～6S 电池是指一个电池组中可以包含 2 节到 6 节锂电池。S 代表锂电池的节数，锂电池 1 节的标准电压为 3.7V，因此 2S 电池就是代表有 2 个 3.7V 电池在里面，即电压为 7.4V，其余的以此类推。在六旋翼无人机上飞控的实际连接如图 4-33（b）所示。将事先做好标记的电调信号线按顺序插入主控中（注意，如果主控与电调的连线有错误，电调就不能正常处理来自接收机的信号或处理的不是该通道的信号）。此外在插拔过程中由于主要是塑料接口在受力，所以不要直接猛烈地拉拽线路以防止接线断裂。若使用的是其他飞控，还要注意正负极安装的方向（如果有的接口有正负极误接时的防呆设计，这样就非常安全），所以一定要确认正确后再进行连接操作。

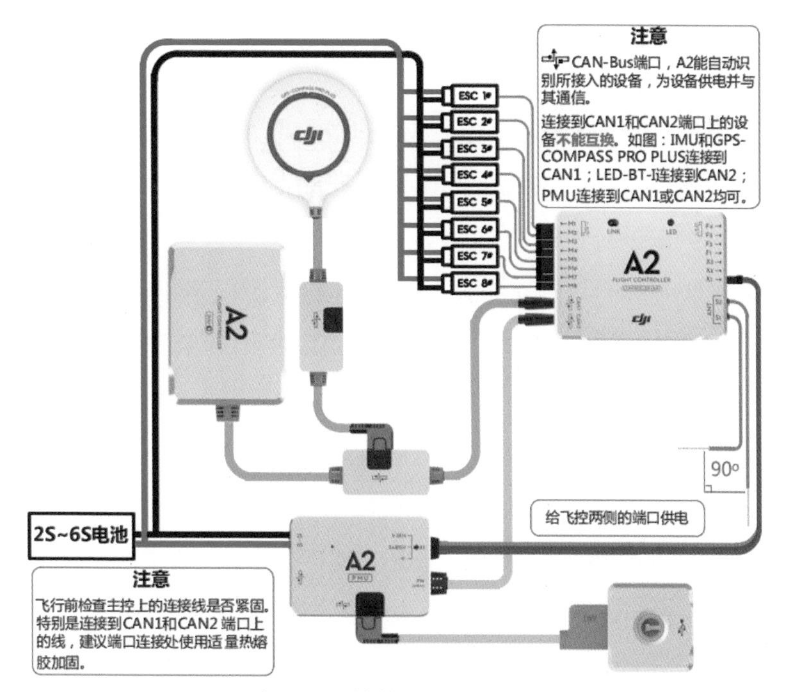

(a)大疆A2飞控的各模块总接线图

(b)六旋翼无人机飞控的实际连接图

图 4-33　六旋翼无人机飞控各模块的安装

4.3.2 飞控系统主要项目的调试

飞控系统是对无人机进行飞行控制的最重要部件，我们在组装完飞控系统之后紧接着就要对飞控系统进行调试。在此以 Windows 系统上运行的无人机飞控软件为例来进行说明。

首先需要从大疆 DJI 的官方网站分别下载驱动程序和 EXE 格式的调参软件。安装过程并不复杂，基本上在安装驱动程序和调参软件时根据提示逐步进行即可。

在使用调参软件配置飞控系统时应确保调参软件的版本与飞控固件的版本相匹配。若不匹配将无法使用调参软件来配置飞控系统。我们建议总是下载使用最新版本的飞控系统固件以及调参软件。

在完成软件的下载后按照下面的步骤进行操作。

① 使用 Micro-USB 线将 A2 飞控系统和 PC 连接起来（A2 飞控系统上的 Micro-USB接口位于 LED-BT-I 模块）。

② 安装驱动程序。

③ 安装调参软件。

④ 在 Windows 桌面上找到 A2 调参软件的图标，双击图标即可运行 A2 调参软件。

在为 A2 飞控调参的过程中需要给飞控系统供电。因为 A2 飞控系统支持 USB 接口直接供电调参，所以不需要额外接入电池供电。但需要注意的是，USB 接口最大能提供 500mA 的电流，如果出现系统工作不稳定的情况，还是需要使用额外的电池供电来完成对飞控系统的调参。

在第一次使用调参软件时需要先注册。完成注册后，按照软件内给出的内嵌说明书的讲解，即可比较方便地完成所需设置。下面介绍几个在调参时常用的选项及操作。

（1）大疆 DJI-A2 调参软件中“基础”图标下的“飞行器”选项

打开大疆提供的 A2 飞控调参软件后，选择“基础”图标下的“飞行器”

选项，画面如图 4-34 所示，软件内嵌的说明书给出了详细的提示。一般情况下我们对飞控系统进行调参时可以参考以下的步骤：

① 点击图 4-34中的“信息”图标，查看当前用户的信息、软件版本号。

② 点击“工具”图标，点击恢复默认设置，查看固件信息以及确认是否需要升级固件。

③ 点击“基础”图标，分别设置飞行器、安装、遥控器、感度、云台通道。需要说明的是，首次使用软件对飞控系统进行调参时，要对“基础”图标下的所有项目进行设置。例如我们在进行这一步时就要选择飞行器的类型，此时选择第一排最右面的 V 型六旋翼飞行器模式。

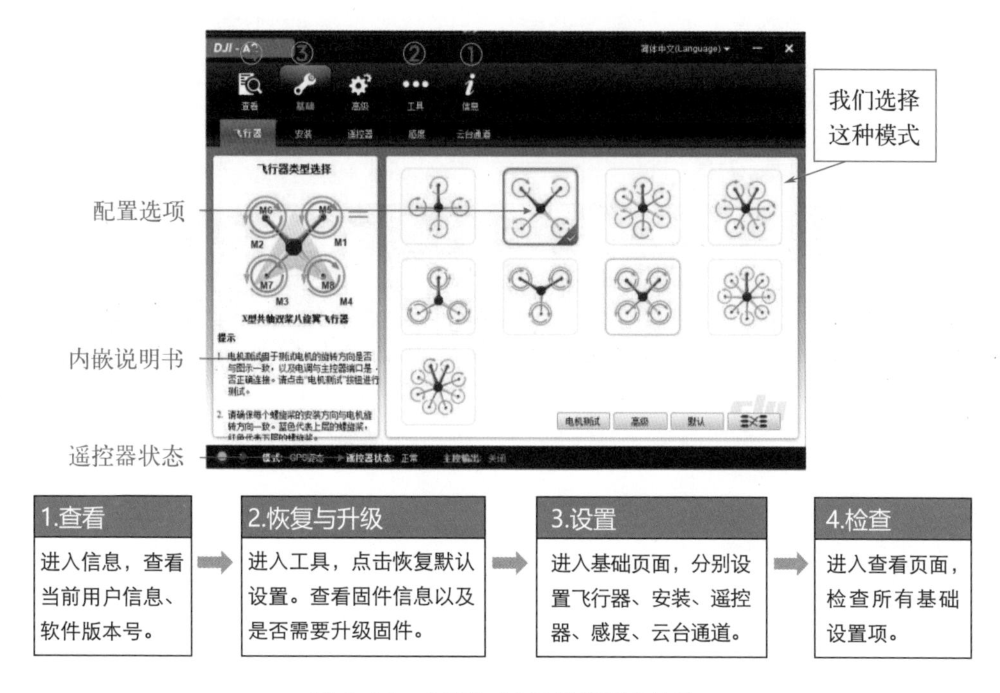

图 4-34　大疆的 A2 飞控的调参软件

④ 点击“查看”图标，检查所有的基础设置项。

⑤ 点击“高级”图标，可以完成比较复杂的高级功能的设置。作为入门级的初学者，可以先不用处理这些内容，待将来随着经验和知识的积累再完成这些设置。

（2）大疆 DJI-A2 调参软件中“基础”图标下的“遥控器”选项

在图 4-34 中，调参软件画面的最下面状态栏中显示有遥控器状态。遥控器状态包括正常、未连接和信号丢失三种。意义分别如下。

- 正常：遥控器与接收机正常连接。
- 未连接：在给 A2 飞控上电后未打开遥控器。
- 信号丢失：无人机上的接收机没有接收到遥控器信号（例如遥控器打开后又被关闭），或者接收机发送的信号为 FailSafe 信号（例如飞行器飞出了遥控器的控制范围）。

如图 4-35 所示，在调参软件的“基础”图标下的“遥控器”选项中要正确设置控制模式开关。只有成功设置后，遥控器上的控制模式开关所在的挡位才会和调参软件中下方状态栏显示的模式一致（在图 4-35 中，下方状态栏中的控制模式为“GPS 姿态”）。

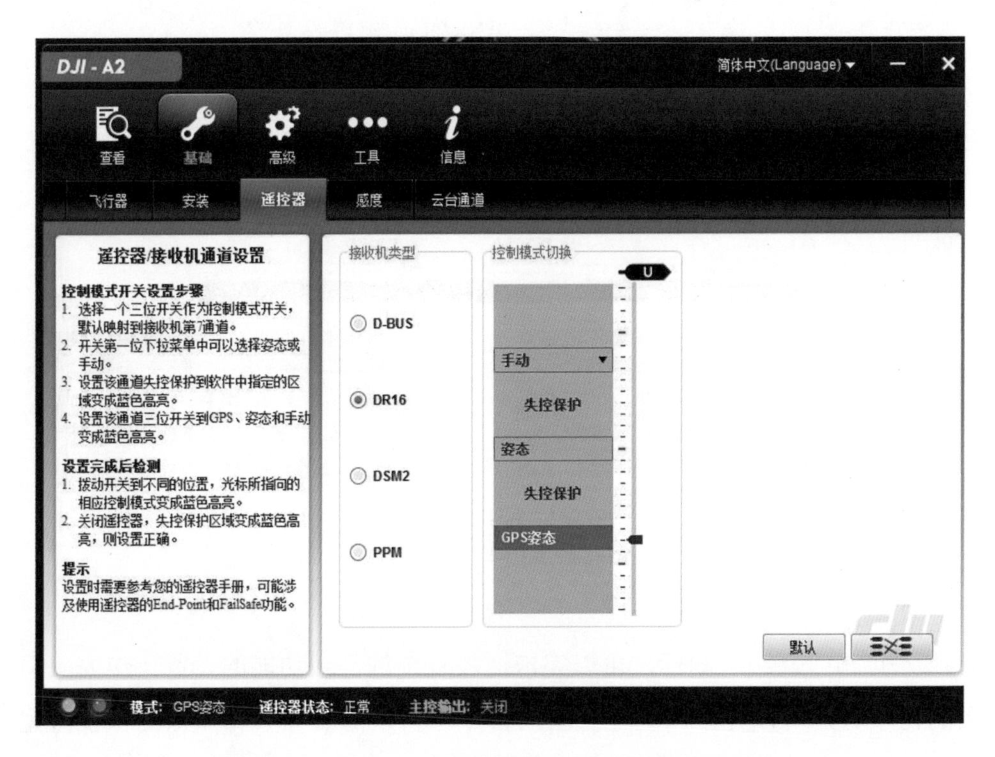

图 4-35　大疆 A2 飞控的遥控器 / 接收机的通道设置

设置控制模式的步骤如下：

① 给遥控器上电，在遥控器上设置一个三位开关作为控制模式开关。如图 4-36 所示，其中两个挡位默认为 GPS 姿态模式和姿态模式，还有一个挡位可选择姿态模式或手动模式（初学者不要使用手动模式）。

② 如图 4-37 所示，拨动控制模式开关到三个不同的挡位，使其分别显示三个不同的控制模式。

图 4-36　控制模式设置的第 1 步

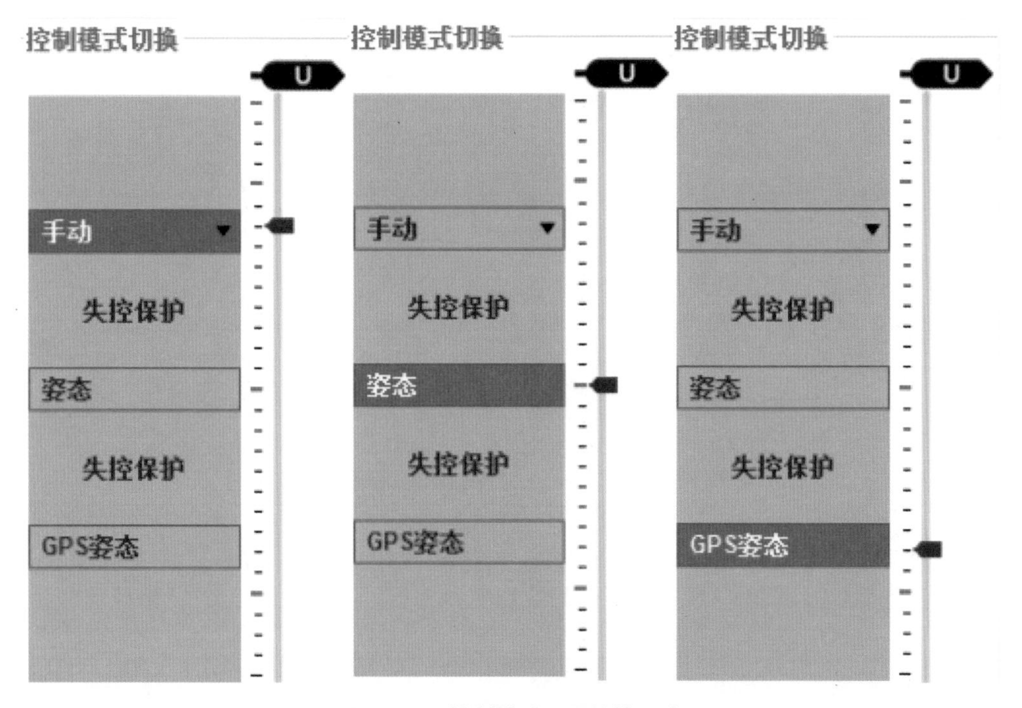

图 4-37　控制模式设置的第 2 步

③ 关闭遥控器，此时如图 4-38 所示，调参软件中的光标将指向控制模式区域之外的任一区域，表示失控状态。

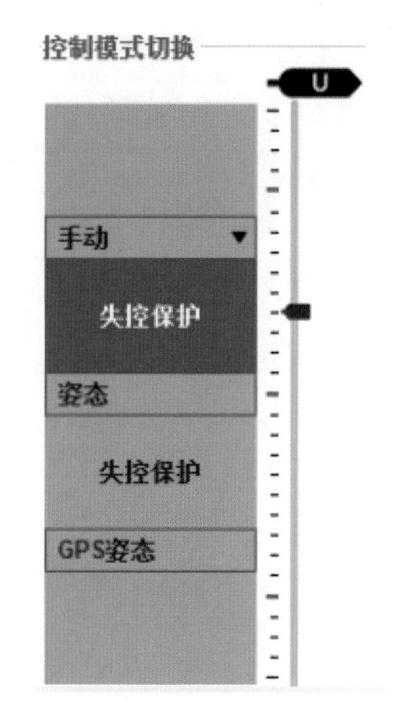

图 4-38　控制模式设置的第 3 步

如果上述三步都成功了，就说明顺利地完成了对控制模式的设置。大疆公司提供的 A2 飞控用户手册对 GPS 姿态模式、姿态模式和手动模式这三种控制模式进行了说明，如表 4-6 所示。可见，对于初学者而言，建议选择 GPS 姿态模式。

表 4-6　大疆 A2 飞控的三种控制模式

控制模式	GPS 姿态模式	姿态模式	手动模式
摇杆线性控制	是		
偏航摇杆命令	控制飞行器顺时针或逆时针旋转，最大尾舵角速度为 150（°）/s		
横滚 / 俯仰摇杆命令	机身姿态控制；摇杆中位对应机身姿态 0°，摇杆端点对应机身姿态 35°		角速度控制，最大为 150（°）/s，无姿态角度限制
油门摇杆命令	控制飞行高度，油门中位时，距离地面 1m 以上可以很好地锁定飞行高度		油门中位无高度锁定，为直通通道
所有摇杆中位	GPS 信号良好时能悬停，锁定位置不变	无位置锁定，仅稳定姿态	保持当前姿态
无 GPS 信号	丢失 GPS 信号后，主控器立即以姿态模式控制飞行器。恢复 GPS 信号 2s 后将恢复为 GPS 姿态模式	—	—
支持 IOC 功能	CL/HL/POI/BTM	CL	无

（3）大疆 DJI-A2 调参软件中的“查看”选项

如图 4-39 所示，在调参软件的“查看”选项中可以看到无人机当前的各种参数和状态。表 4-7 给出了针对这些参数和状态进行检查时的具体说明。在表 4-7 中，第一列“检查事项”下的序号是图 4-39 中对应的序号。

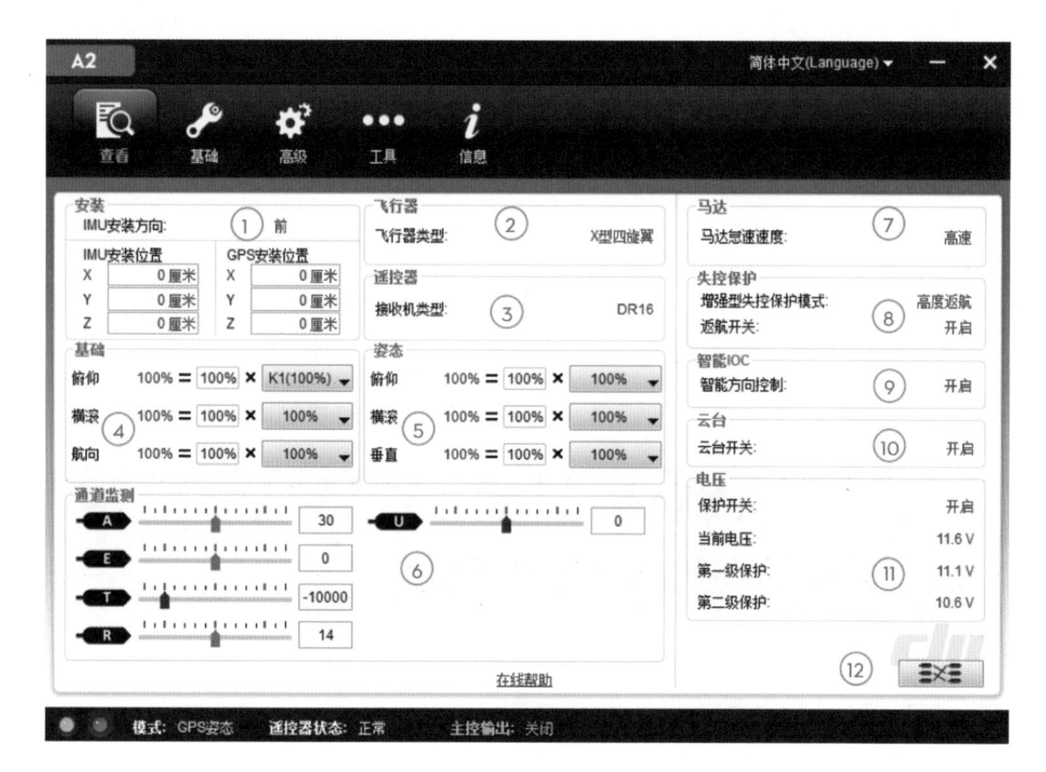

图 4-39　大疆 DJI-A2 调参软件中的“查看”选项

表 4-7　针对无人机的参数和状态进行的检查

检查事项	具体说明
①	检查 IMU 安装方向是否正确
②	检查飞行器类型是否正确 确保对应电机能旋转，螺旋桨旋转方向无错误
③	确保接收机类型正确
④、⑤	查看飞行参数以及远程调参设置是否正确

续表

检查事项	具体说明
⑥	推动摇杆验证摇杆运动方向与图4-39中光标运动方向是否一致；拨动U通道开关验证控制模式设置
⑦～⑪	高级设置，建议在了解基础飞行之后，再根据要求相应设置，并仔细阅读说明文字
⑫	检查遥控器与主控通道映射是否正确

（4）大疆 DJI–A2 调参软件中的“工具”选项

如图 4-40 所示，是调参软件中“工具”页面下的各选项。可以在该页面下完成以下四个工作：① 配置。用于导入导出参数，恢复默认设置和重置 BTU 模块信息。② 传感器。读取陀螺仪、加速度计、指南针等传感器的信息。③ IMU 校准。④ 设备信息及连接状态。显示连接的设备情况，点击

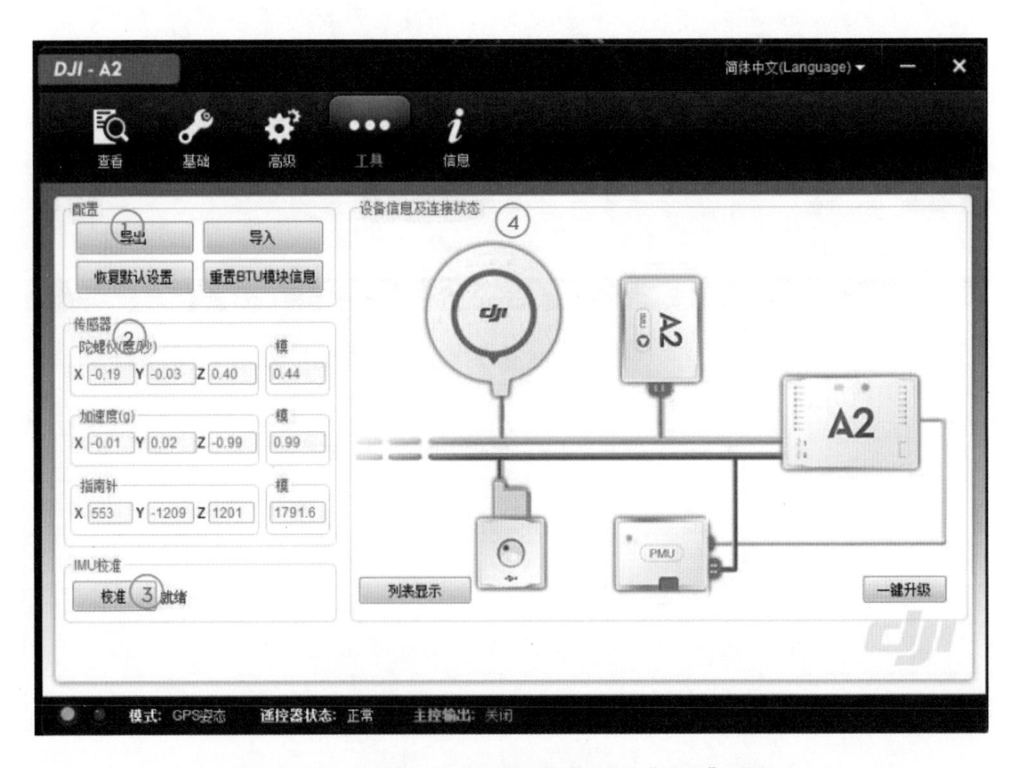

图 4–40　大疆 DJI–A2 调参软件中的“工具”选项

“列表显示”可以选择对某个模块进行升级，点击“一键升级”能够一次性地对所有模块进行升级。

当 IMU 正常工作时是无需用户自行校准的，但是在发现传感器的数值出现以下两种情况时，就要对 IMU 进行校准。

- 陀螺仪“模”值异常：如该数值大于 1.5 则为异常值，需进行 IMU 校准。
- 加速度“模”值异常：如该数值小于 0.98 或大于 1.02 则为异常值，需进行 IMU 校准。

对 IMU 校准的步骤如下。

① 当 A2 主控上电之后等待其状态变为“就绪”。

② 点击“校准”，调参软件将弹出如图 4-41 所示的对话框。用户要按照对话框的内容将 IMU 水平放置并且保持静止不动（确保 IMU 硬件上的 A2 图标面朝上）。

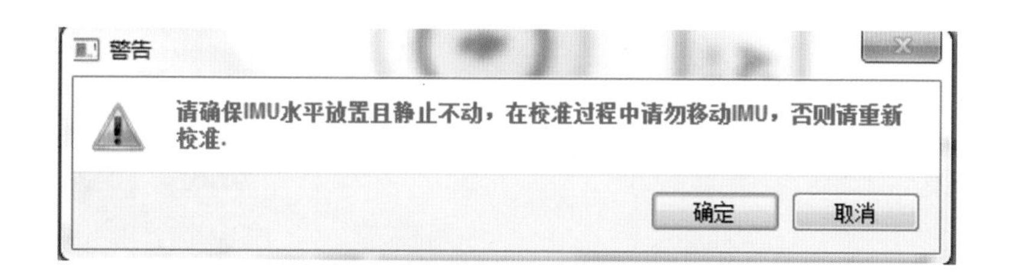

图 4-41　校准 IMU 时的要求

③ 点击图 4-41 的“确定”按钮，此时 IMU 将开始校准。整个校准过程大约需要 5s，在校准完成前要确保 IMU 免受振动干扰并且保持静止，否则会影响 IMU 的校准效果。校准完成后会将结果录入到 A2 的主控之中。

（5）校准指南针

GPS-COMPASS PRO PLUS 模块中的指南针通过读取地磁信息来辅助 GPS 完成对无人机的定位。但是指南针非常容易受到其他电子设备的干扰，进而导致指南针数据异常并影响飞行性能甚至导致飞行事故。

所以在首次使用的时候必须进行校准（之后如果经常校准，就可以使GPS-COMPASS PRO PLUS模块工作在最优状态）。在校准的时候要注意以下事项。

① 不要在外界有强磁场（如磁矿）或信号较弱（如封闭式停车场、钢筋结构的建筑物等）的区域进行校准工作。

② 在校准时请勿随身携带具有铁磁性的物品（如磁铁、手机和钥匙等），以免直接对指南针造成磁性干扰。

图4-42是大疆A2飞控提供的校准指南针的步骤，表4-8给出了在哪些情况下需要重新为指南针进行校准。

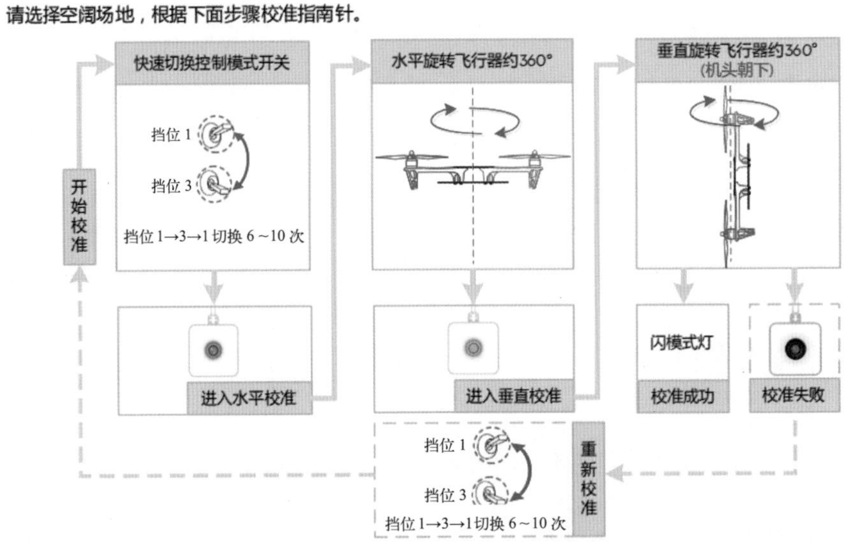

图4-42　校准指南针的步骤

表4-8　需要重新校准GPS模块中指南针的几种情况

变更情况	具体描述
指南针数据异常	LED指示灯出现黄绿灯交替［●●（∝）］闪烁
飞行场地变更	飞行场地与上一次的相距较远 GPS-指南针模块安装位置变更

续表

变更情况	具体描述
机械安装变化	电子设备如主控、舵机、电池等添加、移除、移位 机架的机械结构变更
飞行时漂移	飞行器漂移比较严重，或者不能直线飞行
飞行时姿态错误	飞行器调头时 LED 指示灯显示姿态错误（偶有发生属于正常）

4.3.3　桨叶的再确认

在完成了上述的调试工作后就可以安装桨叶，进行电机的试转了。一定要确认电机旋转的方向无误（所安装的相邻电机的旋转方向要相反）后再安装桨叶。

桨叶分为正桨和反桨（图 4-43）：正桨是安装在逆时针旋转电机上的桨叶，而反桨要安装在顺时针旋转的电机上（这里所说的电机转向是从上向下看确定的，如图 4-22 所示）。从图 4-43 可以看出，正桨与反桨的样子是相似

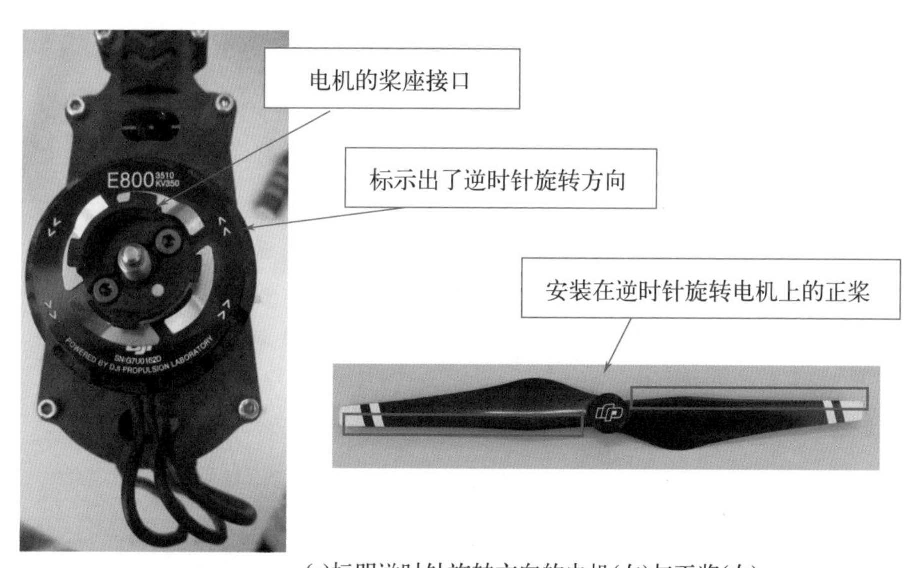

(a)标明逆时针旋转方向的电机(左)与正桨(右)

图 4-43

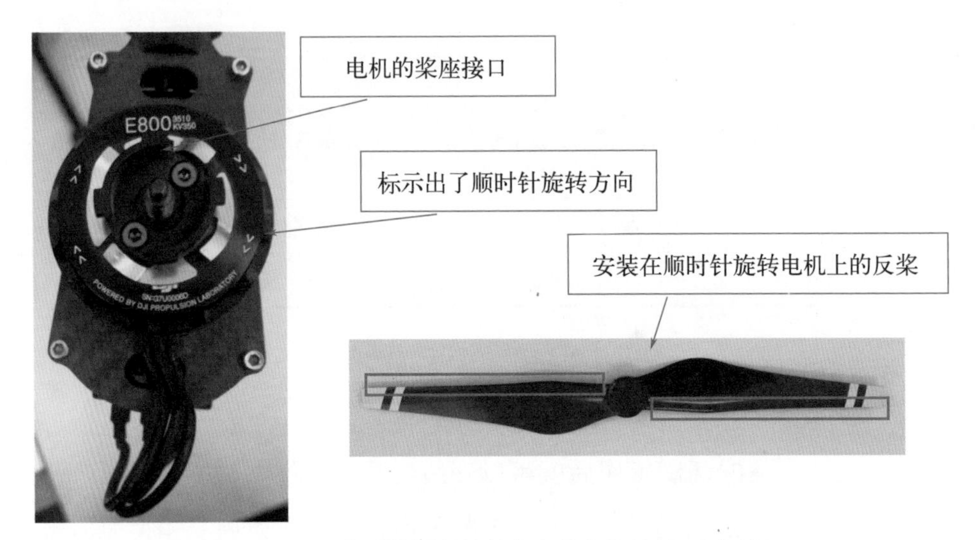

(b)标明顺时针旋转方向的电机(左)与反桨(右)

图 4-43　无人机的正桨、反桨和对应的电机

的，但是在正确安装后就能保证桨叶比较平直的那一边（图 4-43 中被矩形包围的边）是迎风旋转的。

大疆该款电机上的桨座接口与桨叶方向是对应的，在桨叶上也标明了安装与拆卸时的方向（如图 4-44 所示）。在安装桨叶时，要将桨叶中心部位与电机的桨座接口直接咬合：将桨叶的中心部位放在电机的桨座接口之上，在桨叶中心部位向下适当用力按压桨叶，并用手按照安装的方向稍微旋转桨叶后会有轻微的“咔哒”声，此时表明桨叶已经卡入了电机的卡扣。

该款桨叶从电机上拆下时也需要沿着垂直电机的方向向下稍微用力按压桨叶，使卡扣受到压缩后方可按照拆卸的方向稍微旋转后取下桨叶（向下按压并旋出桨叶的时候请用另一只手在下面托着电机，这样便于桨叶的拆卸）。

这款桨叶在空中旋转的时候是具有自锁能力的（而有的桨叶是需要通过螺栓螺母来固定螺旋桨与电机轴之间不打滑的，这一点请自行确认）。所有桨叶安装完毕后应再次认真检查是否有安装错误，并确认不会在旋转时有飞出的情况后再通电测试。

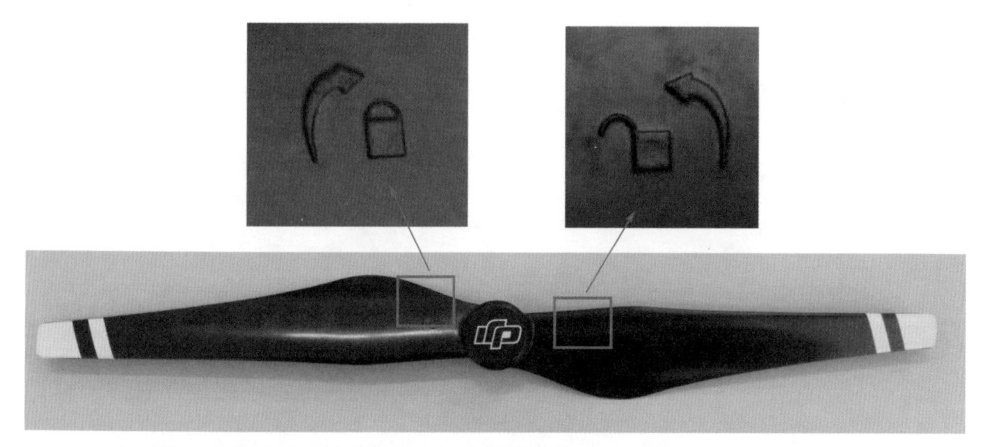

(a) 正桨：安装时要顺时针旋入电机上的桨座接口，拆卸时要逆时针旋出电机上的桨座接口

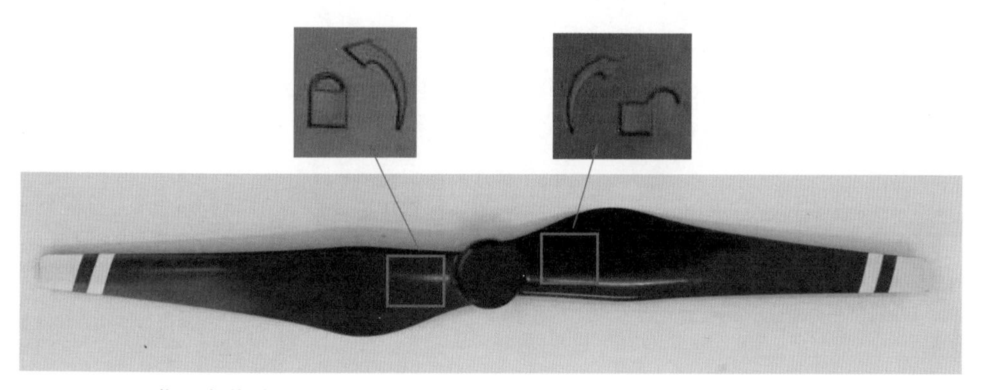

(b) 反桨：安装时要逆时针旋入电机上的桨座接口，拆卸时要顺时针旋出电机上的桨座接口

图 4-44　正桨和反桨的安装与拆卸

将无人机上电后，在遥控器油门摇杆保持最低的状态下打开遥控器。当解锁飞控后慢慢将油门摇杆向上推，此时电机会低速旋转起来。仔细观察电机的旋转方向，若有电机转向与在图 4-22 中选定模式下的电机转向不同则断开电源，将与此不同转向电机相连接的电调的三根线中任意交换两根，重新上电。此时重新推动油门摇杆会发现该电机的转向改变了（这是无刷电机的三相交流特性）。

至此，我们完成了六旋翼无人机的组装与主要的设置工作。最终完成的六旋翼无人机如图 4-45 所示。在下一章我们将学习如何操控无人机。

图 4-45 完成的六旋翼无人机作品

4.4 本章小结

本章讲解了六旋翼无人机主要部件的组装和对飞控的调试。首先在介绍选择无人机配件原则的基础上，针对入门级玩家提供了一套可行的配件清单。然后在讲解六旋翼无人机的组装时，分别介绍了组装 6 套机臂与动力套件、无人机的 2 个脚架和 6 个电调的过程。之后又介绍了 A2 飞控系统各模块的安装与调试，包括主控、高性能抗震的惯性测量单元（IMU，包含加速度传感器和陀螺仪）、GPS（指南针）、电源管理模块（PMU）和 LED-BT-I 模块（包含 LED、蓝牙和 USB 接口）。最后在检查了桨叶安装正确的前提下，第一次通电对电机的旋转方向进行了确认。

下面可再次确认是否已经掌握了本章的如下内容。

① 组装六旋翼无人机的主要器件包括六轴的机架、飞控系统、动力套装（包括桨叶、无刷电机和电调），以及遥控器和接收机。

② 在组装六旋翼无人机的主要部件时，要注意连线不能有错误，放置某些模块时要特别注意位置和方向的要求，焊接电路时要注意安全。

③ 安装飞控的主控和其他单元模块时要注意其是否对安装位置和方向等有特殊的要求。

④ 学会并熟练使用大疆的无人机调参软件，了解其中各项目和内容的意义及其操作方法。

⑤ 掌握安装及拆卸桨叶的方法。

第 5 章 无人机的操控

与汽车、轮船等运输工具分别在陆地和水中行驶不同，无人机的作业环境是在空中。因此针对无人机，首先要选择合适的飞行场地。

5.1 飞行场地的选择

在确定无人机的飞行场地时需要遵守如下的一些基本要求和注意事项。

（1）禁止在禁飞区和限高区飞行

随着无人机技术的不断成熟和成本逐渐降低，无人机作为自拍工具和“旅行记录仪”已经飞入了寻常百姓家，但是全国多地频繁曝出无人机闯入禁飞区的违法和危险事件。因此在选择飞行场地之前，首先要了解关于无人机飞行的政策和规定。也就是一定要确保无人机的飞行和航空摄影的场所是被允许的。需要指出的是，根据民航局的规定，在民用机场都划有机场的净空区，主要目的是保证飞机在起飞和降落期间的安全。因此在机场净空保护区域内是禁止个人的无人机进入飞行的。

在机场、军事管制区、港口码头、高速公路、铁路沿线等很多地方，都设置有禁飞区（见图 5-1）和限高区，应该注意不要在这些区域内放飞无人机。如果无人机在禁止区域内飞行或者是飞行高度超过限制，那么就会受到相应的处罚。

图 5-1　各种飞机进入禁止和禁飞区标识

（2）不要在人群稠密和闹市区域飞行

无人机在人群稠密区飞行时危险隐患也会随之增加，有可能对群众的生命财产构成威胁。此外，高楼、树木等也会影响无人机的飞行安全。所以不论是为了群众的生命财产安全还是为了无人机的飞行安全，都要避免在人群稠密的地方或者建筑物等比较多的地方试飞，特别是对无人机操控还不是很熟练的初学者。

（3）避免在电磁信号源较多的区域飞行

现在手机已经成为人们最主要的通信工具，为了保证手机信号的覆盖率，很多地方都密集地建立起基站网络。由于地面基站具有较大的发射功率，所以当无人机靠近时将直接影响无人机飞控的正常工作而导致失控。同理，在广播电视信号发射塔、雷达和高压线附近，也会因为同样的原因导致无人机失控。还有就是现在广泛使用无线路由设备发送和接收 Wi-Fi 信号，虽然发射功率不高，但是由于数量巨大，也很容易干扰无人机的无线操控。因此在电磁信号源较多的区域放飞无人机，一方面有可能导致无人机的失控，另一方面更会影响正常通信信号的传播，所以要避免。

（4）充分考虑无人机的性能和气象条件

除了上述注意事项之外，还要考虑无人机试飞区域的天气情况。尽量避免在强风、暴雨、暴雪、大雾等非常恶劣的天气条件下飞行。即使是在微风或薄雾的环境中试飞，也要结合无人机的性能来判断适宜与否。因此要综合考虑气象条件、所需飞行高度、地形等因素，以及无人机的稳定性、可操控距离、电池的续航能力等。即使无人机的性能非常好，长期或频繁地在较为极端的环境下飞行，也会使无人机的部件老化直至损坏，所以还是要尽量避免的。

5.2　起飞前的准备工作

无人机在每次试飞之前都要先进行检查，此外还有一些准备工作，这些对保障自己组装并调试的无人机的正常飞行是必要的。这是因为在空中飞行的无人机如果遇到问题，它所造成的后果可能非常严重，甚至会造成重大的安全事故。本节整理了这些无人机在起飞前的检查和准备工作，请读者仔细确认。

首先是在给无人机上电之前的检查，包括检查无人机的机械部分和电子部分。表 5-1 是上电之前机械部分的检查内容，主要是检查硬件是否有问题。表 5-2 是上电之前电子部分的检查内容，主要是检查电子产品和电路的问题。

表 5-1　无人机上电之前机械部分的检查内容

序号	项目
1	整机外观是否完好，硬件和配件是否齐全，软件版本是否匹配
2	机架是否牢固，螺栓有无松动
3	电机是否被固定好，线圈是否洁净或有损毁情况，电机轴是否平直
4	飞控、电池等是否都被固定好
5	螺旋桨是否完好，表面有无污渍和裂纹。螺旋桨的叶片正反桨是否安装正确并紧固
6	（可选项，如果没有安装相机则可忽略）检查用于航空摄影的云台舵机的转动是否顺畅。检查云台、相机的安装是否牢固
7	无人机整体的重心位置是否有偏移

表 5-2　无人机上电之前电子部分的检查内容

序号	项目
1	再次确认各种电子设备是否安装牢固，IMU 的指向是否正确。应保证所有的电子设备清洁、完整，并做好防护
2	电线外皮是否完好，走线是否固定（防止与旋转的桨叶发生剐蹭），所有连线和设备的各种插头连接处是否紧密
3	电池有无破损，是否发生鼓包或漏液。电池电压是否适于飞行
4	焊接部分有无短路或断路问题
5	遥控器的模式是否与无人机相匹配，遥控器的电量是否充足、开关是否完好

完成了上述的检查工作之后就可以给无人机上电了。开机和关机的顺序一定要牢记。

- 开机时先开启遥控器，后开启无人机。
- 关机时先关闭无人机，后关闭遥控器。

也就是说任何时刻都要保证遥控器处于能够控制无人机的状态（一定要按照这个顺序去操作）。在给无人机上电后还不能让无人机升空飞行，因为还需要进行上电后的检查。表 5-3 是给无人机上电之后的检查内容。

表 5-3　无人机上电之后（起飞前）的检查内容

序号	项目
1	电调指示音是否正确
2	舵机工作是否正常，有无高频抖动
3	各指示灯是否正常
4	各电子设备有无不正常发热现象

现在请再次按照表 5-4 的内容对各个项目进行确认，看看是否完成了表 5-1 至表 5-3 的各项检查内容。

表 5-4　无人机起飞前的再确认

序号	项目
1	了解试飞区域的环境、天气等信息，确认当地允许并适合无人机的飞行并且能够保持对无人机的实时与连续控制
2	硬件外观和连接状态的各项检查
3	检查电子设备及其位置是否固定、电量是否充足
4	熟知无人机和遥控器的开关机顺序
5	完成给无人机上电后（起飞前）的各项检查

5.3　遥控器的操作与无人机的试飞

在完成了前面的各种起飞前的检查与确认工作之后，现在尝试着利用遥控器来控制无人机的试飞。图 5-2 是我们采用的无人机的飞行控制方式（即 V 型六旋翼），箭头方向是无人机的前进方向。下面首先介绍遥控器的操作。

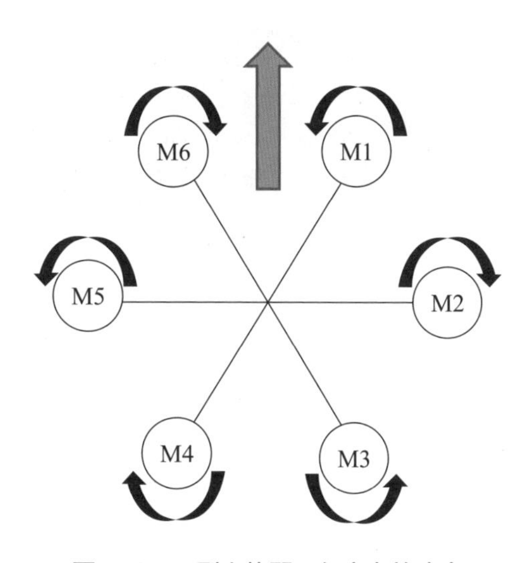

图 5-2　V 型六旋翼飞行方向的确定

5.3.1　手柄操作与遥控方式

图 5-3（a）所示为 AT10 遥控器，它有左右两个手柄（也可称为摇杆）和很多按钮。图 5-3（b）为手持左右两个手柄的 AT9S 遥控器。首先介绍这两个手柄。通过遥控器上的左右两个手柄的操作，可以实现三种遥控模式（需要提前做出选择），即美国手、日本手和中国手，具体内容参见表 5-5 至表 5-7。这里所谓的“手”，就是指利用左右两个手柄遥控无人机的方式，例如图 5-4 是美国手在遥控器的左右两个手柄上的控制图解，表 5-5 是对美国手的详细解释。

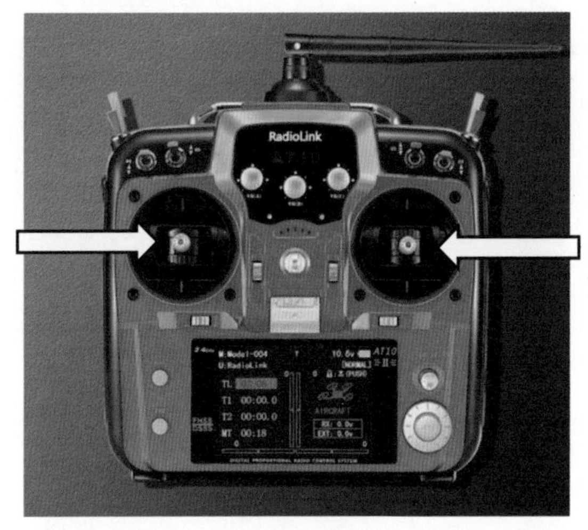

(a)AT10遥控器

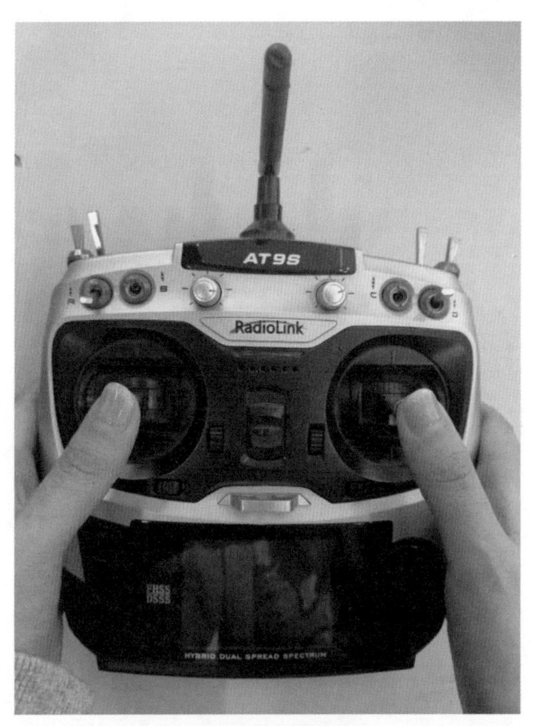

(b)AT9S遥控器

图 5-3　无人机的遥控器

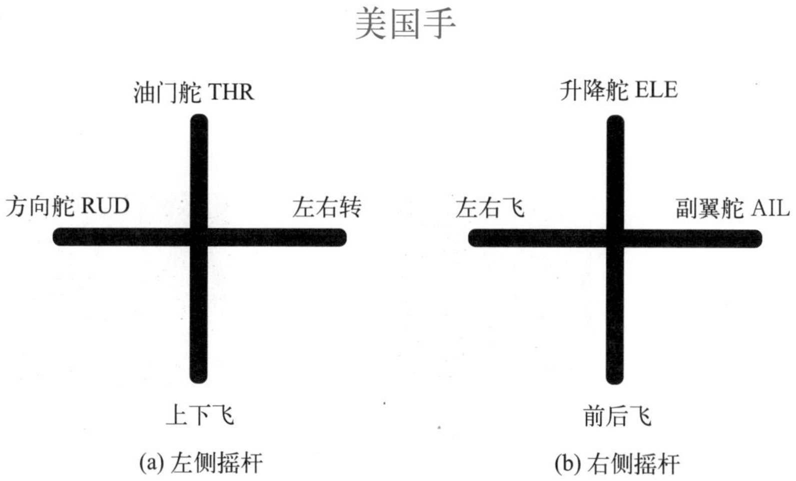

美国手

油门舵 THR
方向舵 RUD　左右转
上下飞
(a) 左侧摇杆

升降舵 ELE
左右飞　副翼舵 AIL
前后飞
(b) 右侧摇杆

图 5-4　美国手在遥控器上的图解

从图 5-4（a）可见，在遥控器上美国手的左侧摇杆用于无人机的上下飞和左右转。其中左侧摇杆上下拨动时能够实现无人机的垂直上下飞行，我们将左侧摇杆在上下拨动时命名为油门摇杆。同理，左侧摇杆的左右拨动能够实现无人机的左右转，因此将左侧摇杆在进行左右拨动时命名为偏航摇杆或尾舵摇杆。

同样，从图 5-4（b）可见，在遥控器上美国手的右侧摇杆用于无人机的前后飞和左右飞。其中右侧摇杆上下拨动时能够实现无人机的前进和后退，我们将右侧摇杆在上下拨动时命名为俯仰摇杆（这是因为无人机在前进或后退时需要借助俯仰操作，可以参考 3.3 节的内容）。同理，右侧摇杆的左右拨动能够实现无人机的左右平移，因此将右侧摇杆在进行左右拨动时命名为横滚摇杆（需要借助无人机的横滚操作来实现）。

如表 5-5 所示，所谓“美国手”就是利用遥控器的左手柄控制无人机的顺时针 / 逆时针旋转，以及整机的上升或下降；利用右手柄控制无人机整体的向左、向右水平移动，以及整机的向前、向后飞行。由于这种遥控模式的早期玩家主要集中在美国，因此被称为“美国手”。

表 5-5　美国手的遥控操作

遥控模式	手柄位置	手柄的操作	飞行的效果
美国手	左手柄	横向的左、右拨动 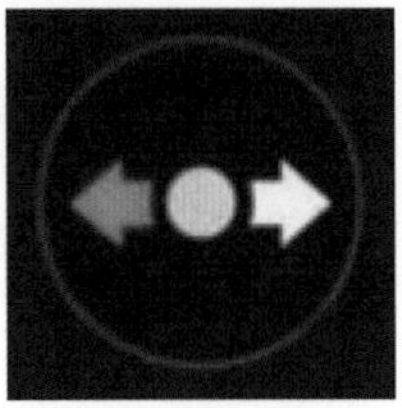	无人机机头的左转、右转（控制方向舵） 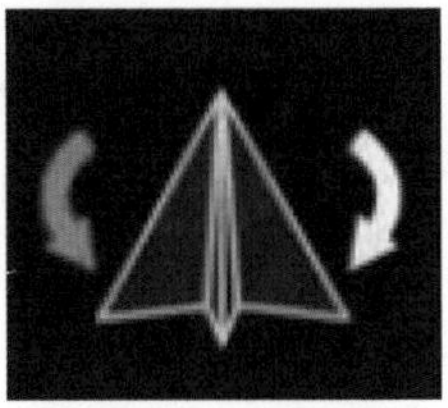
		纵向的上、下拨动 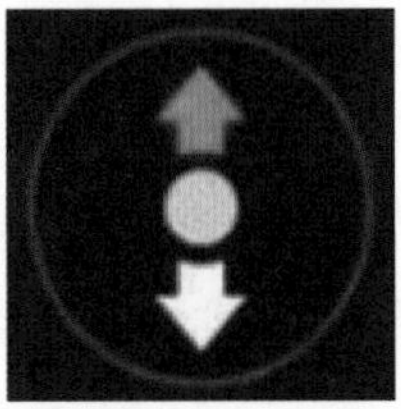	无人机整体的上升、下降（控制油门舵） 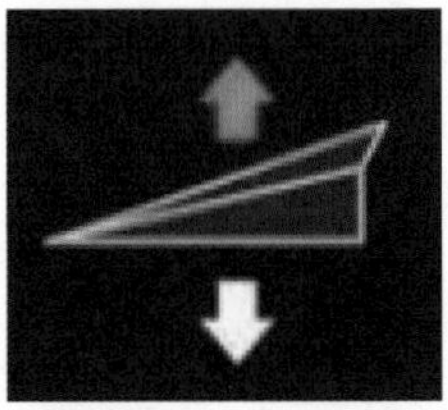
	右手柄	横向的左、右拨动 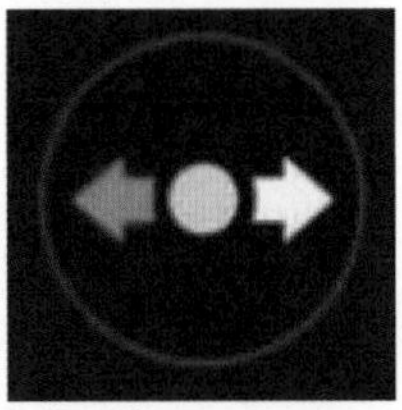	无人机整体向左、向右（控制副翼舵） 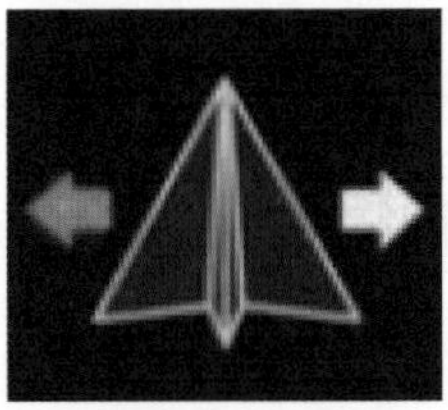
		纵向的上、下拨动 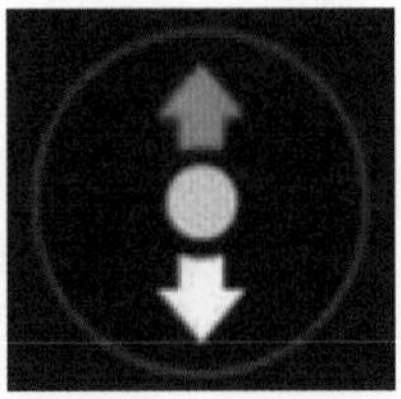	无人机整体前进、后退（控制升降舵） 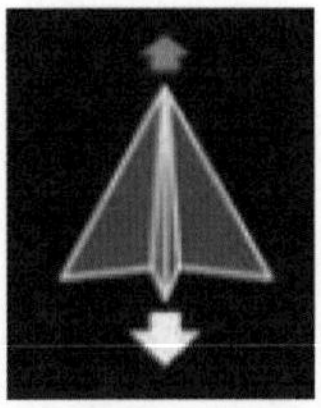

表5-6　日本手的遥控操作

遥控模式	手柄位置	手柄的操作	飞行的效果
日本手	左手柄	横向的左、右拨动 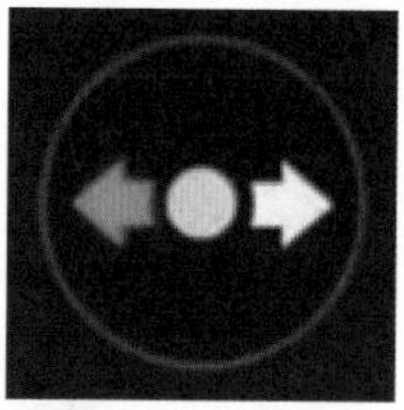	无人机机头的左转、右转（控制方向舵） 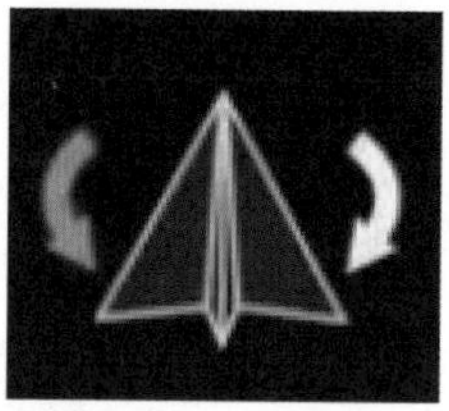
		纵向的上、下拨动 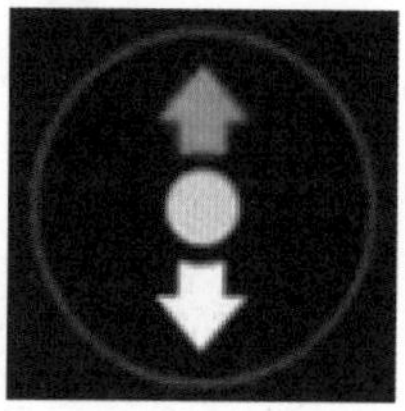	无人机整体前进、后退（控制升降舵） 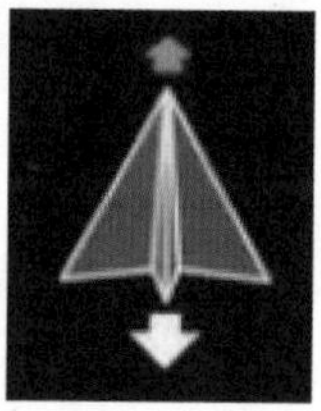
	右手柄	横向的左、右拨动 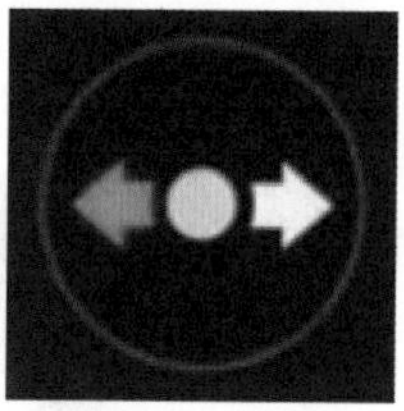	无人机整体向左、向右（控制副翼舵） 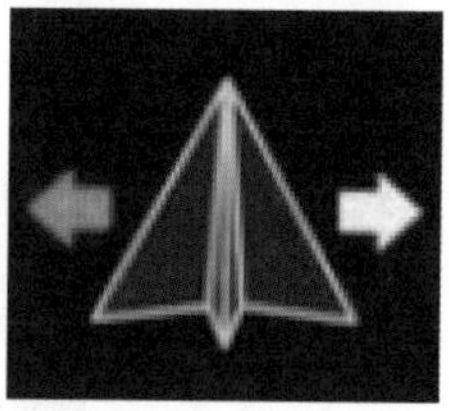
		纵向的上、下拨动 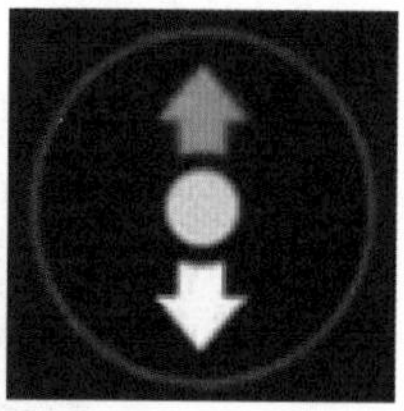	无人机整体的上升、下降（控制油门舵） 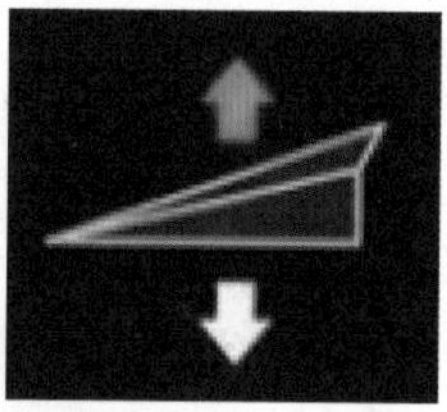

“日本手”就是利用遥控器的左手柄控制无人机的顺时针 / 逆时针旋转，以及整机的向前、向后飞行；利用遥控器的右手柄控制无人机的向左、向右移动，以及整机的上升、下降。由于我国早期航模使用的遥控器多为日本产品，所以使用日本手的玩家有很多。

表 5-7　中国手的遥控操作

遥控模式	手柄位置	手柄的操作	飞行的效果
中国手	左手柄	横向的左、右拨动 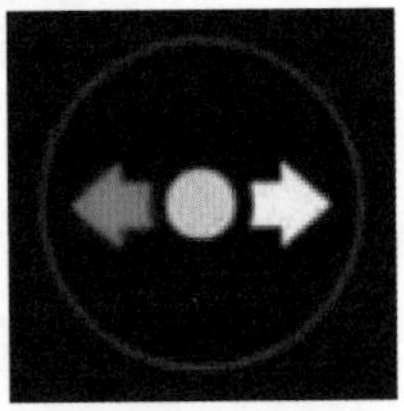	无人机整体向左、向右（控制副翼舵） 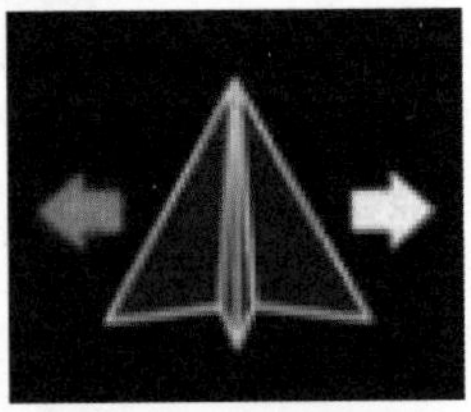
		纵向的上、下拨动 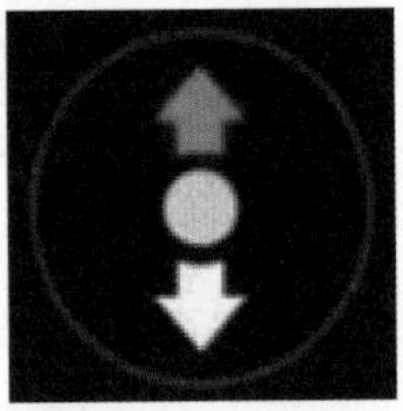	无人机整体前进、后退（控制升降舵） 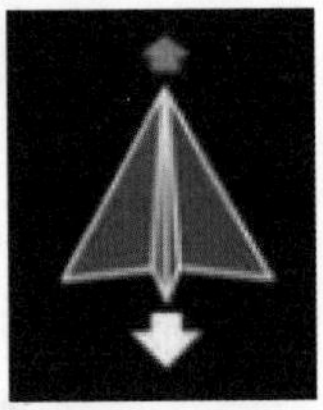
	右手柄	横向的左、右拨动 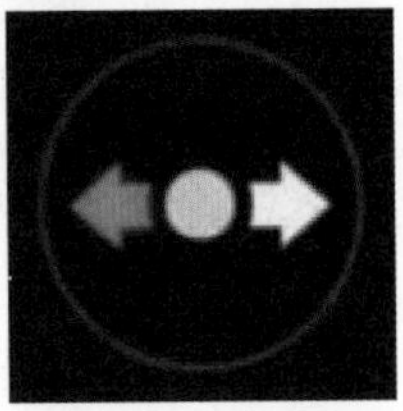	无人机机头的左转、右转（控制方向舵） 
		纵向的上、下拨动 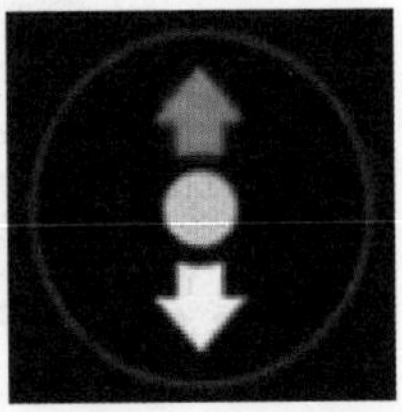	无人机整体的上升、下降（控制油门舵） 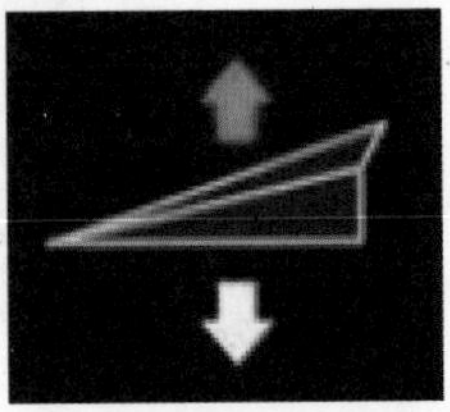

对比表 5-7 和表 5-5，可见“中国手”与“美国手”的操作习惯刚好相反，即“中国手”的左手柄与“美国手”的右手柄对应的控制是一样的，而“中国手”的右手柄与“美国手”的左手柄对应的控制也是一样的。

具体到我们使用哪种遥控模式，其实不必纠结，完全可以选择一种与自己的习惯或感知相近的方式去反复练习，直至记牢并熟练到可以“下意识”地完成正确操作。但是一旦确定了某种方式，建议就不要轻易改变了，这是因为强行改变的话更容易造成混乱，反而极有可能出错。

除此以外，遥控器上还有很多不同功能的按钮。例如，“拍照按钮”用于进行拍照或录像，“云台俯仰拨轮”可以操控相机云台的俯仰转动，“变焦拨轮”用于操控相机的变焦，“返航按钮”用于让无人机自动返回设定的返航点。如果选择的是不同型号的其他遥控器，就要参照相应的说明书去学习相应的使用方法。

5.3.2　预飞行与起降

现在我们利用遥控器操控无人机做一些最简单的动作，以此来体验对无人机的控制。需要再次强调的是，要在晴朗无风的天气下将无人机置于平坦空旷的地方，并且自己和其他人都要远离无人机。此外，在操作遥控器时一定要轻轻地拨动手柄，并且不要一次拨动太大幅度。图 5-5 所示为将无人机放置在平坦空旷且无人干扰的地方。图 5-5 中的无人机搭载了云台和摄像机，这部分内容不是本书所要介绍的，感兴趣的读者请参阅相关资料去完成云台和摄像机的安装与调试。

（1）预飞行

① 缓慢、轻微地推动油门，观察各个旋翼的工作是否正常。如图 5-6 所示，就是在“美国手”的情况下向上（也可以称为向前）推动油门时的状态。

图 5-5　准备试飞的无人机

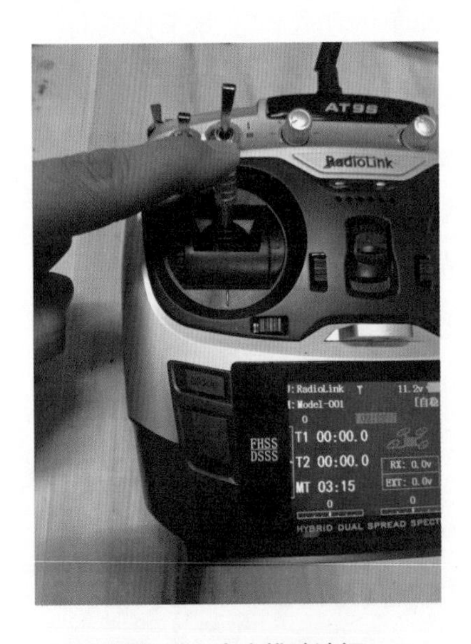

图 5-6　向上推动油门

说明

下面对遥控器的操作图示和解释都是基于美国手的。如您使用的是日本手或者中国手，请参考表 5-5 至表 5-7 做对应的处理即可。

② 尝试在有安全牵引的情况下（或者在有经验的玩家的指导下，这是我们强烈建议的）进行低空和慢速的前后左右飞行、自旋，观察无人机的飞行是否正常。检查遥控器的舵量（摇杆偏移量）是否合适，体验舵量变化对无人机飞行的影响。检查各工作模式是否正确、云台是否能够正常工作。

（2）无人机的起飞

接通电源，待无人机自检程序结束（或手动目视检查无误）具备起飞条件后远离无人机，解锁飞控。飞控的解锁和无人机的起飞可以是自动或者手动。

① 自动起飞：点击“一键起飞”功能（或“起飞”按键）。

② 手动起飞：将遥控器两侧的十字摇杆拨动成“内八”或“外八”进行解锁，然后缓慢推动油门等待无人机起飞。在桨叶平稳转动后慢慢向上推油门起飞。图 5-7 是将摇杆拨成“内八”和“外八”的状态。

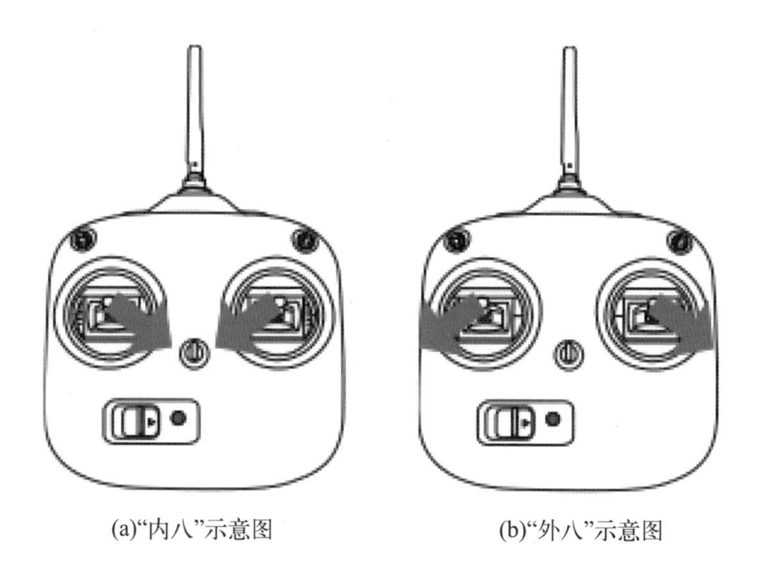

(a)“内八”示意图　　(b)“外八”示意图

图 5-7

(c)“内八”的操作图示

图 5-7　将摇杆拨成“内八”或“外八”完成对飞控的解锁

注意，“内八”和“外八”既可以启动电机，也可以停止电机。所以在正常飞行的过程中应避免将手柄（摇杆）打到“内八”或“外八”的位置，因为无人机在空中飞行时的“内八”或“外八”操控将触发紧急上锁而导致坠机。

推动油门时一定要动作缓慢。有时候已经推动了油门一点距离，但是电机仍未启动或者无人机的状态没有变化，此时也不要着急，一定要慢慢加油。这样才能防止由于对油门的控制过大而影响无人机的飞行安全。

在无人机起飞后也要注意根据飞行姿态微调遥控器的手柄（摇杆）。无人机在飞行时具有惯性，所以在到达预期高度前就需要提前开始降低油门并不停地调整油门大小，只有这样才能使无人机在一定高度内平稳飞行。刚刚练习操控无人机的初学者一定要通过这种操作多多体验并熟悉调整油门的感觉。在此过程中无人机的摆动幅度不可过大，而且飞行高度要控制在安全可控范围内。

如果存在无人机的电机无法启动的情况，可按照表 5-8 所示的内容对连线以及飞控设备进行检查并排除故障。

表 5-8　电机无法启动时可能的故障及解决方案

存在的现象	可能的故障源 / 解决的方案
不清楚问题所在	检查线路的连接是否有问题。升级 A2 飞控的主控、IMU、GPS 固件版本
主控无法读取 IMU 和 GPS 的版本	检查连线，确保已经连接好。升级 IMU 和 GPS 的固件版本
主控被锁住	解锁主控后重新调参
遥控器校准时意外退出	确认连接了遥控器，重新校准遥控器
指南针异常	查看周围环境是否存在干扰。重新校准指南针

（3）无人机的降落

控制无人机的降落也可以是自动或者手动。

① 自动降落：点击“自动降落”功能（或“降落”按键）。

② 手动降落：先慢收油门，在离地面约 2.5m 处再轻推油门以降低下降速度并使无人机缓慢地接近地面，在无人机将要触地时将油门收到底。等无人机平稳落地后松开油门（或长按油门左下角）使桨叶停转，最后锁定飞控。

手动控制无人机降落是一个复杂的技术工作，需要多加练习才能熟练。如果在接近地面时无人机的下降速度较快，就需要轻轻地以较小幅度推动油门来防止坠机。在降落过程中还要保持无人机的正常平衡姿态，如果无人机产生偏斜，在降落时有可能危及操作者及周边人员安全或者造成无人机的损坏。

5.4 无人机的竖直运动（上升和下降）

如图 5-8（a）所示，无人机的竖直运动是指无人机整机的上升或下降。控制无人机上升和下降需要使用遥控器上的油门摇杆，如图 5-8（b）所示。

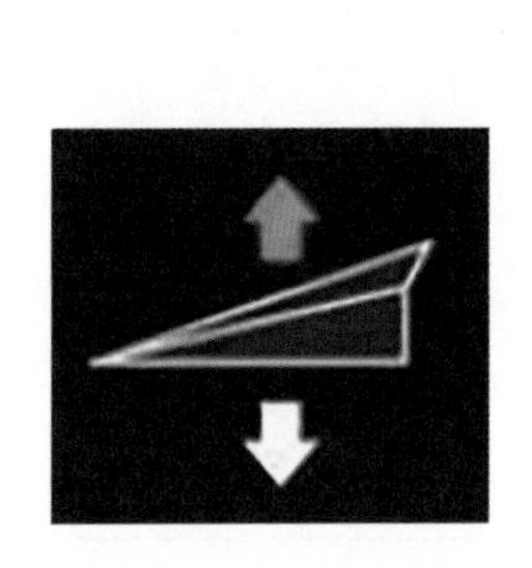

(a) 无人机的上升和下降

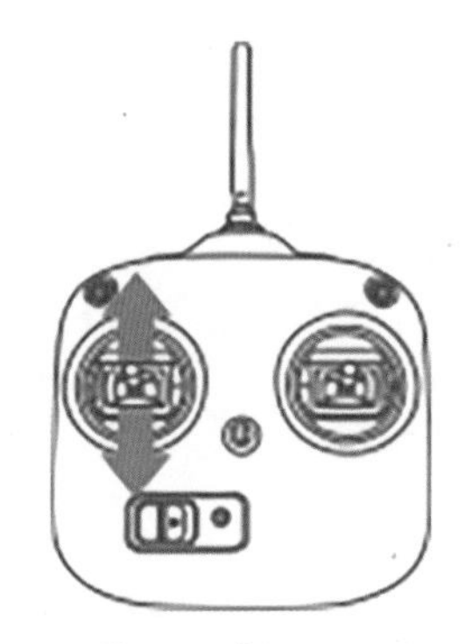

(b)遥控器上油门摇杆的操作

图 5-8 无人机的竖直运动（上升和下降）

（1）无人机的上升

上升过程是无人机螺旋桨转速增加的过程。这一过程的主要操作杆是油门摇杆（在表 5-5、表 5-6 和表 5-7 中，分别是美国手左手柄的前后操作杆、日本手右手柄的前后操作杆、中国手右手柄的前后操作杆）。

练习上升操作时，无人机应该已经在空中了。缓缓向上（也可以称为向前）推动油门，此时无人机会慢慢上升。油门推动越多（不要把油门推动到最高或接近最高），则上升速度越快。

在无人机达到一定高度时或者上升速度达到自己可操控限度时，应该停止推动油门。这时会发现无人机依然在上升。若想停止上升，就要如图 5-9 所示，必须下拉油门（注意不要降低得太猛，应该保持油门摇杆的匀速缓慢降低）直至无人机停止上升。

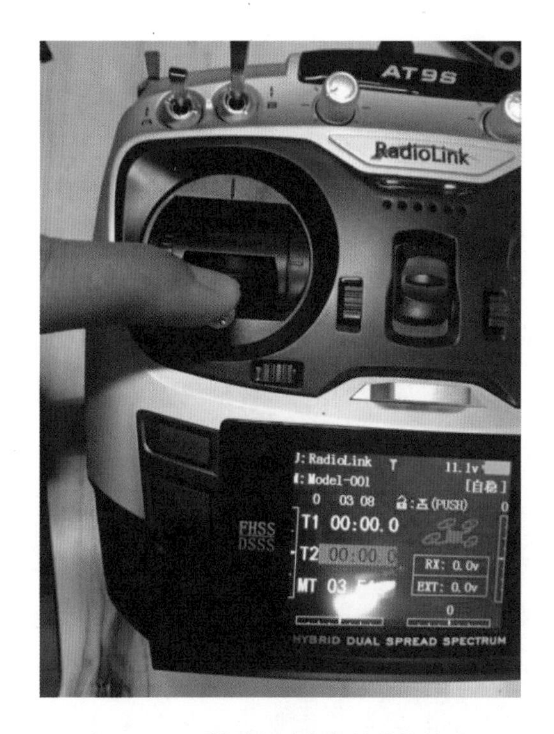

图 5-9　下拉油门降低螺旋桨的转速

如果这时发现无人机开始下降了，就需要适当推动油门让无人机保持一定的高度。如此反复操作练习获得手感是非常重要的，有了经验之后就能比较容易地保持飞行器的稳定了。

（2）空中定点悬停

在 GPS 姿态模式下，当到达希望的高度后，如果保持遥控器的左、右两个摇杆均处于中位，此时无人机就会在空中处于定点悬停状态。

当我们熟悉了无人机的操控之后，就可以尝试在其他的模式下完全通过自己的操作来实现无人机的空中悬停。

（3）无人机的下降

下降过程同上升正好相反。无人机在下降时，螺旋桨的转速会降低，这样才能有效地减小升力。在开始练习下降操作前，一定要确保无人机已经达到了足够的高度。这样万一在无人机下降的过程中出现问题，也能让无人机有一定的下降空间，从而避免由于离地面太近而造成坠机的情况。

当无人机处于空中稳定悬停的状态时，我们开始缓慢地下拉油门。注意，不能将油门拉得太低。在观察到无人机有较为明显的下降时，就要停止下拉油门摇杆。这时无人机还会继续下降。必须注意不要让无人机过于接近地面，在到达一定高度时就要开始稍微推动油门，迫使无人机减慢下降速度，直至无人机停止下降。

这时无人机有可能会开始上升。此时就应该再次降低油门，尽量使无人机保持现有的高度。在经过反复几次操作后无人机就可以保持稳定了。

无人机在下降的过程中如果速度太快，或者马上就要接近地面但仍然无法停止下降时，就需要加快推动油门的速度阻止无人机继续下降，甚至使之适当上升以避免坠机。但是需要时刻观察无人机的飞行姿态。如果无人机过于偏斜，则不可以过度加速推动油门，否则无人机有可能发生侧翻等危险。

总而言之，对无人机的操控是需要通过大量的实践来换取宝贵经验的。但是不管怎样，在操控时都不要用力过猛过快。对于入门级玩家而言，操控越缓慢、越细微就越好，等有了一定的经验之后再去完成更高级的挑战吧。

5.5 无人机的平移运动（前后左右移动）

无人机的平移运动是指无人机整体的前进、后退，以及向左或向右平移，如图.5-10 所示。

（1）前进

无人机的前进操作伴随着俯冲过程，这一点在 3.3 节已经做了说明。前进时，无人机的机头略微下降，机尾相应抬起。对应机头螺旋桨的转速下降，机尾螺旋桨转速提高，随之六旋翼的 6 个螺旋桨就提供了一个向前的合力，并且与水平面有一定的夹角。

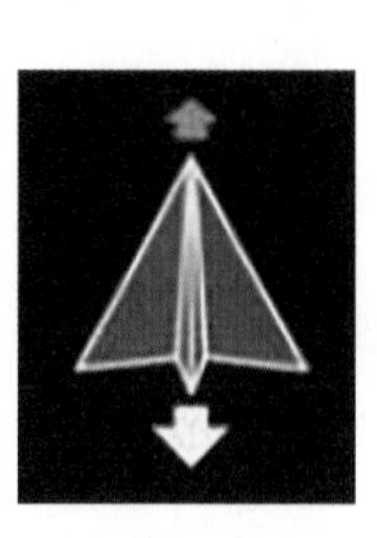

(a) 前后移动

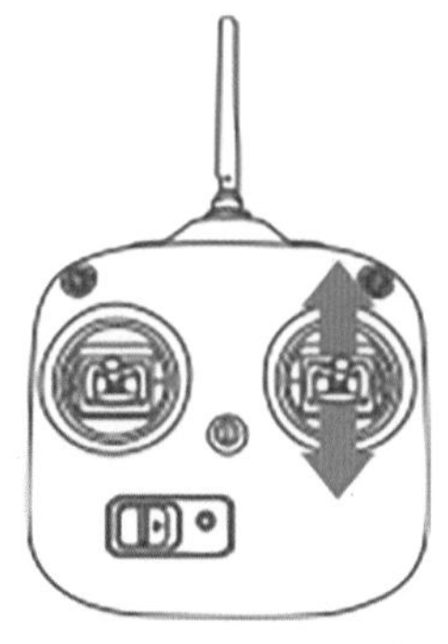

(b)遥控器上俯仰摇杆的操作（前后移动）

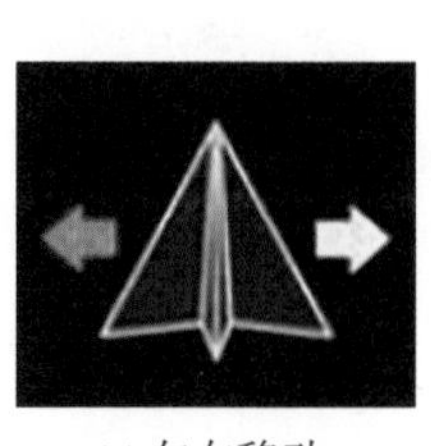

(c)左右移动

(d)遥控器上横滚摇杆的操作（左右移动）

图 5-10　无人机的平移运动

当满足这一使无人机前进的合力要求，并且无人机具有一定的高度时，只要往前推摇杆［见图 5-10（b）］，无人机就会略带俯冲地向前飞行。此时升力将有所减小，所以无人机会降低，这时可以适当推动油门摇杆完成螺旋桨的加速转动以提高升力。

因为无人机的前进会伴随着稍微俯冲的动作，所以要注意开始俯冲之前要让无人机飞行到一定的高度。对于新手而言，安全的飞行高度最好是距离地面一人以上的高度，并且要确认无人机前行的航线上没有任何障碍物，也要确保飞行时不会有人、动物或障碍物突然移动到无人机的前方或附近。

这时就可以向前轻推俯仰摇杆，仔细观察无人机向前飞行时的姿态。可以看到，当摇杆的变化幅度越大，无人机前倾的角度也越大，前行的速度就越快。但是当推动摇杆的幅度过大时，机头这一侧的螺旋桨可能会过低，很容易导致无人机的前翻甚至坠机（有的无人机带有自稳器，一般不会出现这个状况，但一定不要尝试）。

所以在推动俯仰摇杆进行俯冲前进时，推动的幅度不能太大。一般在无人机开始前行的时候就要停止推动了，可以保持摇杆现在的位置不动，让无人机继续向前飞行。在无人机飞行时还需要使用其他摇杆来配合保持飞行方向和一定的高度。

（2）后退

同样在 3.3 节介绍了无人机的上仰过程，它可以用于无人机的后退操作。利用遥控器控制无人机进行上仰时与俯冲操作类似，只不过是需要将俯仰摇杆从中间位置向后（也可以称为向下）拉动。在后拉过程中，参看图 5-2，无人机尾部的两个螺旋桨 M3 和 M4 会缓慢减小转速，而机头的两个螺旋桨 M1 和 M6 会加快转速。这时无人机就会向后退行。

所以在操作时，一定要确保无人机后退的线路上没有任何障碍物，包括操作者自己也不要站在无人机的后面，以免发生意外。确保一切安全后就可以开始后退的操作练习了，操作过程如下。

缓慢向后拉动摇杆，当无人机开始后退飞行时就停止继续后拉摇杆。这时无人机会继续退行。当退行一段距离后，可以缓慢地向前推动摇杆直到摇杆到达中间位置时停止推动，这时可以看到无人机将停止退行。

（3）左右平移

无人机左右平移［见图 5-10（c)］的飞行原理与前进后退的过程类似，只是这时是推动副翼向左为左飞（左平移），向右为右飞（右平移），如图 5-10（d）所示。根据旋翼的布局，一般六旋翼无人机在左右平移时主要是依靠两侧的电机进行控制，而前后的电机起到补偿作用。因此这与无人机的前后平移速度可能会有差异。

总而言之，在对无人机进行各种操控时，动作都不能太猛太急，一定要缓慢而且幅度要小。经验一定是通过大量的实践逐步积累起来的，所以要多练习。但练习的前提一定是安全第一。在试飞的时候，还应该经常检查无人机的状态是否出现了异常，以及检查电量是否过低而影响无人机的飞行。

5.6　无人机的转向运动（改变航向）

无人机的转向运动是指无人机围绕 Z 轴完成的向左逆时针或向右顺时针改变航向的偏航飞行，如图 5-11 所示。偏航是指无人机在飞行时改变了航线，详细说明请参看 3.3 节。

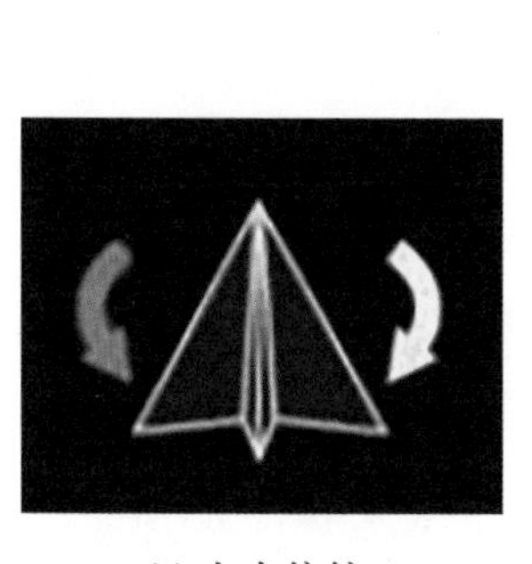

(a) 左右偏航

(b)遥控器上偏航摇杆的操作

图 5-11　无人机的转向运动

（1）左偏航

左偏航就是在无人机前进时向左偏转的操作（类似于汽车的向左转弯）。在进行偏航操作时，如图 5-11（b）所示，只需要使用偏航摇杆（只能是小幅度地拨动）来操控。在左偏航时，就要将摇杆轻轻向左拨动。拨动摇杆后无人机的机头会开始向左偏航。这时请仔细观察无人机的姿态，我们会发现它并不存在俯、仰的状态，而是直接在原地向左旋转（类似于陀螺），转动的角度与拨动摇杆的幅度相关（摇杆偏离中心位置越大，转动的速度就越快）。当然，为了在操控无人机时不出意外，入门者还是应该轻微摆动摇杆，不要大幅度地操作。

在进行左偏航的操作练习时，有以下两种模式。

① 左转弯。这项操作需要使用俯冲动作来配合。首先需要使用俯冲操作让无人机保持前行的状态，然后缓慢将偏航摇杆向左打一点，之后不再继续向左打（保持现在的摇杆位置不变）。这时候飞行器已经开始向左转弯。

在保持摇杆位置 2～4s 后即可将偏航摇杆打到正中间（简称为回中），将遥控器右侧的摇杆也回中，进而使得无人机完成了左偏航飞行。这就是“左转弯”操作。

② 逆时针旋转。与无人机在空中的左转弯不同，逆时针旋转就是我们常说的逆时针原地打转。这一操作说起来很简单，好像只需要将偏航摇杆向左拨动即可。但是在实践中我们会发现，无人机在旋转的过程中可能无法保持围绕自身的 Z 轴进行自转。它可能会跑到别处去，所以在做旋转操作时需要慢慢来。

首先，需要将偏航摇杆轻轻向左拨动一下，当看到无人机开始轻微转动时就停止拨动并保持现有的位置。这时无人机会继续慢慢向左转动。在操控的过程中，速度可以慢一些，操控幅度也不能太大，而且要随时观察无人机的飞行状态。如果感觉无人机有些控制不住，就要立刻松开摇杆使它自动回中。与此同时，通过遥控器右侧的方向摇杆来控制无人机的位置。当发现无人机在准确旋转时，就再次拨动偏航摇杆直到逆时针旋转一圈。

（2）右偏航

与左偏航类似，右偏航包括右转弯和顺时针旋转这两种模式。在操控无人机右偏航时，也与左偏航的操控类似，但这时需要将偏航摇杆向右打。

当我们能够比较熟练地操作无人机左偏航和右偏航后，还可以尝试操控无人机右偏航与左偏航的交替飞行。

建议

无人机新手在理解了上述的基础操作过程后，就需要多多练习与实践。在刚刚开始练习的时候，可以不用无人机而只单独操作遥控器直到熟练。然后再进行飞行的操控实践，选择试飞场地时首选无人的草坪，这样既安全又不容易摔坏无人机。而新手最容易出现的问题是一看见无人机飞得很高就紧张，进而猛减油门，这样极有可能导致无人机直接垂直坠地。因此一定要牢记：只要不是紧急状态，操作就要缓一些，幅度也要小一些。

5.7　特殊气象环境下的飞行

影响无人机飞行的气象环境主要包括风速、雨雪、大雾、空气密度、大气温度等。下面逐一介绍这些天气因素对无人机飞行的影响。

风速：建议无人机飞行时的风速在 4 级（5.5～8.0m/s）以下。遇到楼层或者峡谷等环境时更要注意突风现象。通常无人机的重量越大，抗风性会越好，飞行也越稳，但是无人机的重量过大就会需要更大的升力。

雨雪：市面上多数普通的无人机设备并没有防水功能，因此雨雪形成的水滴会导致在无人机上裸露的电子电路部分出现短路或漏电情况。而无人机的主体结构和大多数零部件为金属材料，进水后会被腐蚀或生锈，直接影响无人机的使用寿命。因此对于普通无人机，不要在雨雪天气试飞。

大雾：将主要影响操控者的视线和无人机航拍画面的清晰度，并且也会难以判断实际的安全距离。

空气密度：随着海拔高度的增加，大气层的空气密度在减小。在空气密度较低的环境中飞行时，无人机的转速就要增加，进而导致了电流增大，最终将减少无人机的续航时间。

大气温度：当无人机在高温环境下飞行时，不利于电机、电池、电调等器件的散热。由于大多数无人机是采用风冷的自然散热，所以即使环境温度稍微偏低但与无人机运行时的温度相近时，散热也比较慢。

5.8 本章小结

在通过前面几章的学习与动手组装好六旋翼无人机之后，本章讲解了对无人机的基本操控。本章的主要内容如下。

① 在试飞之前要选择好无人机的飞行场地。

② 在无人机试飞之前，要仔细检查无人机的机械和电子部分是否有问题，并且要反复加以确认。

③ 从美国手、日本手和中国手中选择一种适合自己的遥控模式，熟悉并掌握遥控器的基本操作。

④ 掌握无人机预飞行，以及起飞和降落时对遥控器的操控要领。

⑤ 对无人机的竖直运动、平移运动和转向运动多加练习、仔细观察、掌握要领。

⑥ 了解几种特殊气象环境对无人机飞行的影响。请记住尽量不要在恶劣的气象环境下试飞无人机。

第6章 无人机常见问题及解决方法

我们在装机、平时保养与维护，以及调试与试飞无人机的时候将会遇到各种问题。本章列出了可能出现的一些问题，并提供相应的解决方法。

6.1 无人机装机时的问题

前面章节已经介绍了六旋翼无人机的硬件组成、组装、调试和操控。如果读者希望自行选择一些其他型号的部件，下面就介绍在选材与装机时要注意的一些问题。

（1）机架强度对飞行的影响

机架是多旋翼无人机的主体框架，主要由中心板、机臂和脚架组成。机架的好坏可以从坚固程度、轻便程度、布局合理性等多方面衡量。多旋翼机架从两轴到十多轴都有，其中四旋翼和六旋翼最为常见。一般轴数越多，机身负载就越大，结构也越复杂。对于入门级玩家而言，特别注意的就是两点：① 组装越简单越好；② 重量越轻越好。

机架材料常见的有塑料、玻璃纤维、碳纤维等。碳纤维的强度优于玻璃纤维，且重量更轻，但价格比玻璃纤维贵不少。但如果与塑料机架相比，玻璃纤维的价格也是比较高的。因此对于入门级玩家而言，3.1 节介绍的 450 轴距的塑胶四旋翼机架以及 550 轴距的塑胶六旋翼机架都是不错的选择。

需要注意的是，不要选择镂空过多、中心板薄、机臂碳纤维管过小的机架，因为这会带来无法消除的振动，使航拍画面产生水波纹。产生的信号噪声还可能影响对飞控姿态数据的采集和动力输出。

（2）无人机的重心对飞行的影响

安装无人机时，确保无人机的重心是在机架的中心点或离中心点不远的机架中心的竖直方向上。主控要尽量安装在靠近中心的位置，飞控大体应该位于机身的重心位置。也就是说飞控需要在机身中央的附近，并使其与机身水平面保持平行，否则会导致无人机在水平方向飘移。

测试重心位置的方法：在组装完无人机之后，可以用两把螺丝刀抬起中心板横向的两边中轴，以中心板水平抬起为准，调节无人机中心板以达到平衡状态。

（3）无刷电机振动对无人机的影响

目前大部分的消费级无人机使用的都是直流无刷电机，但无刷电机在运行过程中会产生较为强烈的振动而影响到无人机的姿态稳定性，有可能造成陀螺仪等传感器的数据紊乱。因此减振控制的设计非常重要。

无人机电机的线圈质量同样对无人机的性能起直接作用。线圈的质量越好，电机的输出功率就越高。而绕圈的数量也会影响无人机的性能。

6.2 无人机存放时的问题

本书在前面的相关章节中分别介绍了无人机在试飞之前需要检查的项目，

以及在试飞过程中需要注意的事情。这些内容对无人机、对操控者以及对周围环境和其他人的安全都是非常重要的。其实还有一点，就是无人机在不使用的时候也需要注意保养和维护。为此，本节将介绍存放无人机时的一些注意事项。

6.2.1　电池的维护与使用

电池是为无人机系统提供原动力的部件，它的性能直接影响无人机的飞行质量和安全。因此，不论是在试飞过程中还是在平时保存电池时，都要时刻关注电池的性能变化情况。对于电池，我们需要注意以下几点。

（1）使用时不要过放

无人机电池（见图 6-1）的放电主要是在无人机飞行时供无人机系统使用。这里所说的放电，就是指电池输出电力。从电池的放电曲线可以看到，当电池电压从 3.9V 下降到 3.7V 的过程中，电压下降得并不快。而在充满电的电池刚开始放电时以及电池电压降到 3.7V 以下时，电池电压将会下降得比较快。这种情况下如果控制不好就会导致电池的“过放”，轻则损伤电池，重则由于电压的快速下降而造成无人机的炸机。

图 6-1　航模电池

所谓电池的过放，就是当电池在经过放电并下降到规定的额定电压后，如果仍然继续使用电池的话就是过放电，而电池过放电将会影响电池的性能，甚至破坏了电池的内部结构而导致报废。

当多次过放后就会严重影响电池的使用寿命，因此不要每次都把电池使用到低于额定电压的下限。而且在试飞无人机时也应该尽量多备几块电池。此外，一定要利用电池报警器，当出现电压报警时必须尽快使无人机降落。

（2）充电时不要过充

还是要强调一下，一定要使用原装的或配套的充电器为电池充电。这是因为当使用不配套的充电器时，不匹配的电流和电压会对电池的电路系统造成损害，缩短电池的使用寿命，甚至带来安全隐患。

此外，当一个电池组是由多个单体电池组成时，要定期检查电池组中每个电池单体的电压。当同一电池组内的各单体电池电压相差较大时，即使充电是正确的也会影响电池的寿命，甚至导致电池的爆裂。因此如果电池组内各个电池的电压差超过 0.1V，就应当分别把每个电池的电压充满至 4.2V。而当每次放电后如果电池单体的电压差均超过 0.1V，就需要更换电池了。

还要确保充电环境的安全。无人照看时不要充电，要将充好电的电池和充电器放置在安全的位置。以下情况也要注意：在潮湿和雨雪环境下充电很容易让电路短路；夏天在烈日暴晒下充电极易发生自燃。因此为了保障安全，应选择在干燥、通风、阴凉的环境下充电。

（3）不要损坏电池的包装

电池的外包装是防止电池爆炸和漏液起火的重要结构。如果锂聚合物电池的铝塑膜破损，将会直接导致电池起火或爆炸，所以不要损坏电池的包装。电池要轻拿轻放，在无人机上固定电池时要用扎带束紧。这是因为当无人机在做大动态飞行或摔机时，电池会因为扎带不紧而被甩出，这样也很容易造成电池外皮的破损。

（4）接线不能短路

在焊接电池的电线接口与电路板、分电板的接口时，应该格外注意正负极。错接造成短路会直接导致电池打火或者起火爆炸。当发现使用过一段时间后电池出现断线的情况而需要重新焊线时，特别要注意电烙铁不要同时接触电池的正极和负极引线。在运输电池的过程中，最好将每个电池都单独套上自封袋并固定于防爆箱内，防止在运输过程中因颠簸和碰撞导致某片电池的两极触点碰到其他导电介质而短路。

（5）不满电保存，也不低温保存

如果长时间不使用无人机，应将电池取下后单独储存在干燥、阴凉的地方，并保持电量在满电时的 40% 左右。如果发现电池损坏或者老化，一定要立即更换，否则会影响无人机的飞行安全。

充满电的电池不能连续保存超过 3 天，这是因为长期满电保存可能会导致电池鼓包甚至报废。应该定期进行一次充电和放电的操作，以保持电池活性从而延长电池寿命。

电池应放置在阴凉的环境下储存。长期存放电池时，最好能放在密封袋中或密封的防爆箱内，建议环境温度为 10～25℃，并且要干燥、无腐蚀性气体。如果是在温度比较低的环境中长时间放置电池，其放电性能会大大降低。

因此如果是在温度比较低的环境下试飞无人机，就要将报警电压升高一些（例如将单体电池的报警电压调至 3.8V）。这是因为在低温环境下电池电压会下降得非常快，所以当报警一响就必须控制无人机立即降落。否则的话电池电压有可能急速下降到无法带动无人机安全降落。对报警电压的设置（低电压保护）是在 A2 飞控的调参软件中“高级”选项下的“电压”项目页面中进行的。

6.2.2　陀螺仪、光流传感器等的维护

同样，无人机搭载的各种传感器都有各自的用途，共同完成对无人机的

定位、定向、测量飞行高度，以及传递传感数据和控制信号等工作。因此对它们的维护也是非常重要的。

（1）校准传感器

商业无人机通常都具有传感器自动校准的功能，我们自己开发的无人机可以通过控制器进行校准。校准传感器是非常重要的，如果对机身进行了维护、更换部件等操作就有可能影响到无人机的重心、高度等数据的变化，此时就需要进行传感器的校准操作。一般是将传感器通过上位机进行校准，可以使用传感器配套的相关程序来完成。需要注意的是，在传感器的校准以及固件升级、调试过程中，一定要断开电调与电池的连接并移除所有安装在电机上的桨叶。

（2）检查传感器的连接

应该经常检查传感器的连接线是否插紧，要确保传感器与飞控板的连接良好，检查传感器是否稳定地固定在无人机主体上并且没有松动或受损。要注意清理接口上的灰尘或污渍，这样可以避免影响信号质量。在每次飞行前应再次检查所有连线是否正确，并且确保连线接触良好。

（3）检查环境

传感器可能会受到强磁场或电磁干扰环境的影响。特别是 GPS 与指南针模块为磁性敏感设备，应远离所有其他的电子设备。我们也建议将接收机安装到机身板的下面，使它的天线朝下并且无遮挡，这样就可以避免无线信号因遮挡而丢失所造成的失控。若安装有数传模块，建议数传模块的天线和接收机天线尽量远离并且互相呈 90°安装，达到避免互相干扰的目的。光流传感器的精度可能会受到水面或玻璃外墙的影响而下降，当试飞环境中存在这种情况时也要注意。此外，使用无线视频设备时，安装位置应尽量远离主控系统（最好大于 25cm），以避免天线对主控造成干扰。

总而言之，还是选择一个远离人群、视野较好、平坦开阔的区域进行试飞，并远离高压线等干扰源。

（4）合理储存设备

无人机在不使用时应收藏起来并存放在干燥、清洁的环境中，如图 6-2 所示。要避免与灰尘、潮气等接触，并且要避免受到强烈的冲击和振动。过高的温度和湿度都会对电子元件造成损害。湿度过高时，可能会引起金属部件的锈蚀和焊接点的接触不良，在外力冲击下甚至会造成焊盘的脱落。

在取用过程中应该采取防静电措施，避免静电对电子元件造成损害。即使长时间不使用无人机，也要定期对电池、传感器进行检查和维护。

图 6-2　无人机的储存

6.3　无人机调试与试飞时的问题

无人机是由多个部件组装而成的，因此一定要使用相互匹配的部件，并且要通过调参软件保证飞控的固件版本处于最新状态，否则就有可能出现问题。例如对于多旋翼无人机而言，必须使用多旋翼的专用电调。如果使用的是旧版的固定翼无人机的电调，那么就会出现偶然的无规律的抖动，甚至炸机等异常现象。

（1）起飞时发生自转的解决方法

根据前面提到的无人机的飞行动力原理，在起飞时如果发生自转，请检查以下几个方面。

① 如果使用的是开启了cf（无头功能）的飞控，那么开始起飞时会产生自转，是用于调整航向的。若没有开启cf，请再检查以下几点。

② 检查桨叶是否装反，桨叶尺寸是否一致，叶片是否有扭曲破损现象。

③ 检查电机是否水平放置，电机是否被固定，电机的旋转方向是否正确。

④ 检查电调与飞控的连接线是否正确。

⑤ 电调的油门行程是否调整一致（每次更换飞控的时候，都需要重新校准油门行程）。

⑥ 机载的各种传感器是否有松动或损坏的现象。

⑦ 将飞控连接电脑后重新调试各遥控通道的参数。

（2）试飞时如何保护操控者及周围人员

入门级玩家在刚刚操控无人机的时候经验还不足，特别是当无人机朝自己飞来或者在空中倾斜等状况出现时极有可能对自己或周围人员造成伤害。那么能否划定一块区域，让操控者和周围的观赏人员都处于该区域之内，而设定该区域为无人机的“禁飞区”呢？

这是可以的，但是只能在GPS姿态模式下才有效。首先要设置好返航点，然后打开“返航点保护”功能就可以了。返航点的设置步骤为：① 给飞控系统上电30s，② 出现GPS卫星数量 GPS 大于6以及LED闪红灯或者不闪灯10s，③ 此时推动油门摇杆。飞控系统自动记录下当前无人机的位置并设定为返航点。

然后如图6-3所示，选择调参软件中的“高级”选项下的“飞行限制”，再选中“返航点保护”就可以进行设置了。开启该功能后，如图6-4所示，无人机就不能飞入以返航点为中心、半径为 R 的圆柱体区域之内（R 为调参中的预设值，范围为12～100m）。如果关闭了该功能，无人机将不受限制。

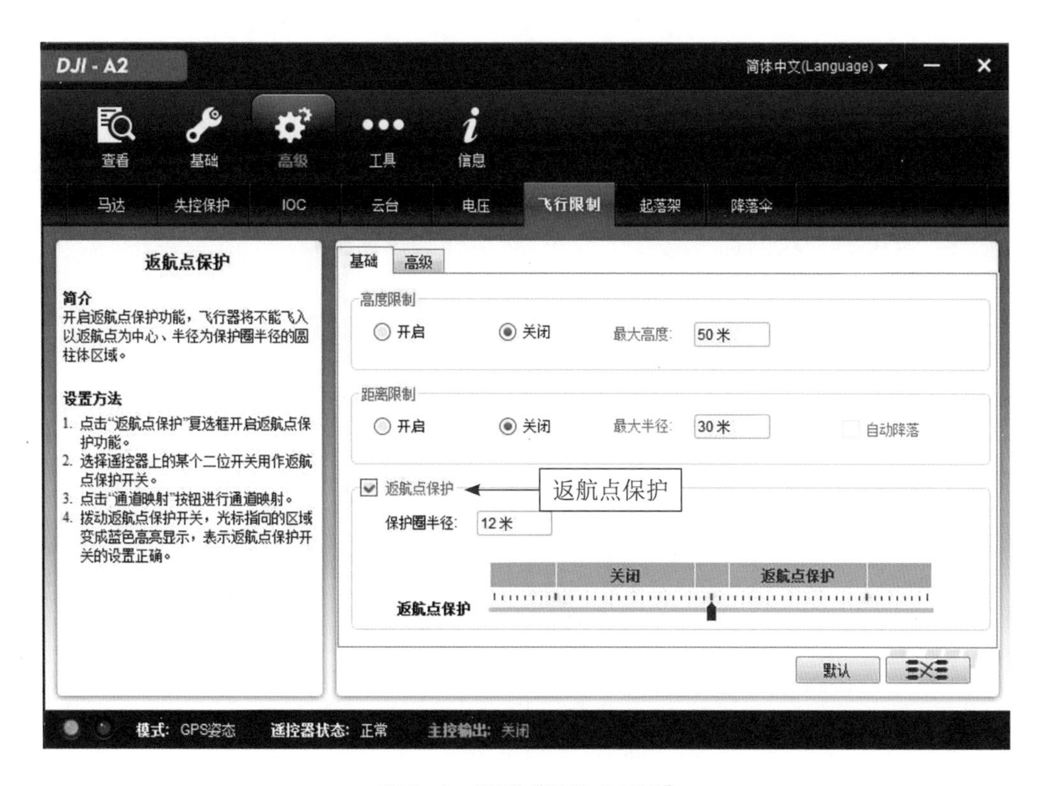

图 6-3　设置“返航点保护”

图 6-4　利用“返航点保护”划定的“禁飞区”

（3）如何设置无人机飞行时的最高和最远距离

我们看到在图 6-3 中还有“高度限制”和“距离限制”这两个选项。“最大高度”用于限制无人机的飞行高度，“最大半径”用于限制无人机的飞行距离。设定后无人机就可以只在图 6-5所示的圆柱范围内飞行了。

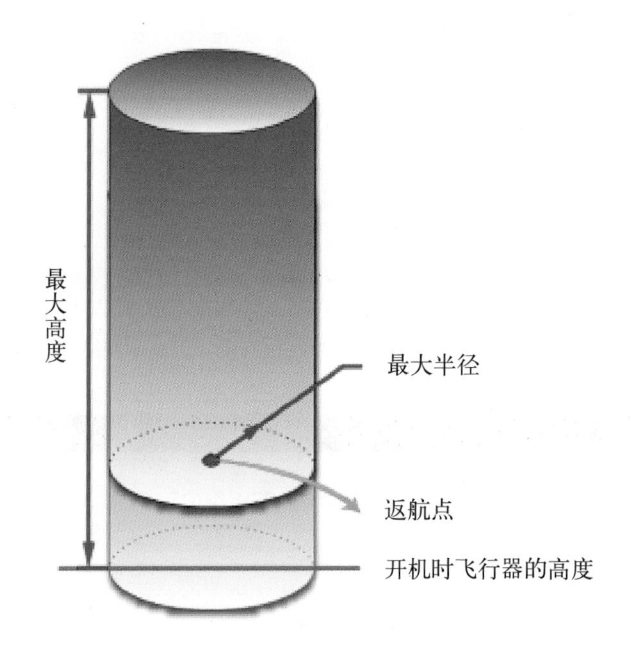

图 6-5　设置无人机的飞行高度和飞行距离

（4）如何从 LED 指示灯查询故障

从 LED 指示灯发出的颜色和闪烁的数量上可以查询到无人机系统是否正常，或者出现了哪些故障。表 6-1 至表 6-8 分别是大疆无人机提供的 LED 指示灯速查表，可以迅速地从 LED 指示灯的状态检查无人机系统的运行状况，或者直接找到故障源。

表 6-1　控制模式与 LED 指示灯的状态

控制模式	LED 指示灯的状态
手动模式	不闪灯
姿态模式	1 闪黄灯：正常
	2 闪黄灯：有摇杆不在中位
GPS 姿态模式	1 闪紫灯：正常
	2 闪紫灯：有摇杆不在中位
地面站	1 闪蓝灯
GPS 卫星数量	不闪灯：大于 6（优）；1 闪红灯：等于 6（良）；2 闪红灯：等于 5（差）；3 闪红灯：小于 5（极差，这种情况下不建议飞行）

表 6-2　飞行姿态与 LED 指示灯的状态

飞行姿态	LED 指示灯的状态
姿态良好	不闪灯
IMU 数据丢失	4 闪绿灯（发现这种情况后，请检查硬件和连线，或者维修 / 更换硬件）
姿态不佳	3 闪白灯（发现这种情况后，请先悬停或降落无人机，待白灯消失后再接着飞行）

表 6-3　指南针校准与 LED 指示灯的状态

指南针校准	LED 指示灯的状态
开始水平校准	长亮蓝灯
开始垂直校准	长亮绿灯
校准失败	红灯连续闪烁
指南针数据异常，需进行校准	黄绿灯交替闪烁

表 6-4 低电压保护报警与 LED 指示灯的状态

低电压保护报警	LED 指示灯的状态
第一级低电压保护	黄灯连续闪烁
第二级低电压保护	红灯连续闪烁

表 6-5 失控保护与 LED 指示灯的状态

失控保护	LED 指示灯的状态
失控保护过程	蓝灯连续闪烁
信号丢失 3s 自动返航	蓝灯连续闪烁

表 6-6 错误提示灯与 LED 指示灯的状态

错误提示灯	LED 指示灯的状态
系统重大错误	4 闪红灯
开机时指南针未准备好，或者指南针异常	红灯连续闪烁

表 6-7 IOC 模式记录提示灯与 LED 指示灯的状态

IOC 模式记录提示灯	LED 指示灯的状态
成功记录返航点 *	20 闪紫灯
距离返航点 8m 内 *	5 闪紫灯
成功记录飞行方向	20 闪绿灯
成功记录兴趣点	20 闪浅蓝灯

注：1. IOC 是 Intelligent Orientation Control（智能方向控制）的英文单词首字母组合。
2.* 在非 IOC 模式下，闪灯情况是一样的。

表 6-8　蓝牙指示与 LED 指示灯的状态

蓝牙指示	LED 指示灯的状态
移动设备与主控进行连接	紫黄灯交替闪烁
移动设备与主控正在断开	紫黄灯交替闪烁

6.4　本章小结

本章整理了在装机、存放、调试和试飞无人机时可能遇到的问题以及解决的方法，最后还根据大疆提供的 A2 飞控系统用户手册列出了 LED 指示灯与无人机的状态和故障源的对应信息。这些内容可以作为资料供查询使用，也希望读者随着试飞实践的增多可以自己总结出若干经验并分享给更多的无人机爱好者。

这本书的内容到此为止全部介绍完了。当看到放在自己身边的由自己亲手组装起来的无人机时，我们是不是无比的兴奋。当合上这本书的时候可以再回想一下，我们学到了什么知识，掌握了什么技术，有了什么新的灵感。

这个组装与调试无人机的过程因人而异可能很长，也可能很短，但无论如何，在这个过程中提高的是我们的综合素质和专业能力。对于我们以前从未接触过的新技术领域，当遇到问题时可能无从下手，这时就要学会通过查阅资料、网上查询，以及向有经验的人请教来解决问题。同时，对无人机的操控也是一个不断积累经验的过程，不能着急，但是要眼疾心细、善于总结。

在当代人才济济的社会里，竞争压力不容小视，熟练掌握任何一种技能都有可能成为将来的“必杀技”。希望我们每个人都拥有自己的“拿手好戏”，例如从这本书学来的组装与操控无人机。

附录

无人驾驶航空器飞行管理暂行条例

第一章 总 则

第一条 为了规范无人驾驶航空器飞行以及有关活动，促进无人驾驶航空器产业健康有序发展，维护航空安全、公共安全、国家安全，制定本条例。

第二条 在中华人民共和国境内从事无人驾驶航空器飞行以及有关活动，应当遵守本条例。

本条例所称无人驾驶航空器，是指没有机载驾驶员、自备动力系统的航空器。

无人驾驶航空器按照性能指标分为微型、轻型、小型、中型和大型。

第三条 无人驾驶航空器飞行管理工作应当坚持和加强党的领导，坚持总体国家安全观，坚持安全第一、服务发展、分类管理、协同监管的原则。

第四条 国家空中交通管理领导机构统一领导全国无人驾驶航空器飞行管理工作，组织协调解决无人驾驶航空器管理工作中的重大问题。

国务院民用航空、公安、工业和信息化、市场监督管理等部门按照职责分工负责全国无人驾驶航空器有关管理工作。

县级以上地方人民政府及其有关部门按照职责分工负责本行政区域内无人驾驶航空器有关管理工作。

各级空中交通管理机构按照职责分工负责本责任区内无人驾驶航空器飞行管理工作。

第五条　国家鼓励无人驾驶航空器科研创新及其成果的推广应用，促进无人驾驶航空器与大数据、人工智能等新技术融合创新。县级以上人民政府及其有关部门应当为无人驾驶航空器科研创新及其成果的推广应用提供支持。

国家在确保安全的前提下积极创新空域供给和使用机制，完善无人驾驶航空器飞行配套基础设施和服务体系。

第六条　无人驾驶航空器有关行业协会应当通过制定、实施团体标准等方式加强行业自律，宣传无人驾驶航空器管理法律法规及有关知识，增强有关单位和人员依法开展无人驾驶航空器飞行以及有关活动的意识。

第二章　民用无人驾驶航空器及操控员管理

第七条　国务院标准化行政主管部门和国务院其他有关部门按照职责分工组织制定民用无人驾驶航空器系统的设计、生产和使用的国家标准、行业标准。

第八条　从事中型、大型民用无人驾驶航空器系统的设计、生产、进口、飞行和维修活动，应当依法向国务院民用航空主管部门申请取得适航许可。

从事微型、轻型、小型民用无人驾驶航空器系统的设计、生产、进口、飞行、维修以及组装、拼装活动，无需取得适航许可，但相关产品应当符合产品质量法律法规的有关规定以及有关强制性国家标准。

从事民用无人驾驶航空器系统的设计、生产、使用活动，应当符合国家有关实名登记激活、飞行区域限制、应急处置、网络信息安全等规定，并采取有效措施减少大气污染物和噪声排放。

第九条 民用无人驾驶航空器系统生产者应当按照国务院工业和信息化主管部门的规定为其生产的无人驾驶航空器设置唯一产品识别码。

微型、轻型、小型民用无人驾驶航空器系统的生产者应当在无人驾驶航空器机体标注产品类型以及唯一产品识别码等信息，在产品外包装显著位置标明守法运行要求和风险警示。

第十条 民用无人驾驶航空器所有者应当依法进行实名登记，具体办法由国务院民用航空主管部门会同有关部门制定。

涉及境外飞行的民用无人驾驶航空器，应当依法进行国籍登记。

第十一条 使用除微型以外的民用无人驾驶航空器从事飞行活动的单位应当具备下列条件，并向国务院民用航空主管部门或者地区民用航空管理机构（以下统称民用航空管理部门）申请取得民用无人驾驶航空器运营合格证（以下简称运营合格证）：

（一）有实施安全运营所需的管理机构、管理人员和符合本条例规定的操控人员；

（二）有符合安全运营要求的无人驾驶航空器及有关设施、设备；

（三）有实施安全运营所需的管理制度和操作规程，保证持续具备按照制度和规程实施安全运营的能力；

（四）从事经营性活动的单位，还应当为营利法人。

民用航空管理部门收到申请后，应当进行运营安全评估，根据评估结果依法作出许可或者不予许可的决定。予以许可的，颁发运营合格证；不予许可的，书面通知申请人并说明理由。

使用最大起飞重量不超过150千克的农用无人驾驶航空器在农林牧渔区域上方的适飞空域内从事农林牧渔作业飞行活动（以下称常规农用无人驾驶航空器作业飞行活动），无需取得运营合格证。

取得运营合格证后从事经营性通用航空飞行活动，以及从事常规农用无人驾驶航空器作业飞行活动，无需取得通用航空经营许可证和运行合格证。

第十二条 使用民用无人驾驶航空器从事经营性飞行活动，以及使用小型、中型、大型民用无人驾驶航空器从事非经营性飞行活动，应当依法投保责任保险。

第十三条 微型、轻型、小型民用无人驾驶航空器系统投放市场后，发现存在缺陷的，其生产者、进口商应当停止生产、销售，召回缺陷产品，并通知有关经营者、使用者停止销售、使用。生产者、进口商未依法实施召回的，由国务院市场监督管理部门依法责令召回。

中型、大型民用无人驾驶航空器系统不能持续处于适航状态的，由国务院民用航空主管部门依照有关适航管理的规定处理。

第十四条 对已经取得适航许可的民用无人驾驶航空器系统进行重大设计更改并拟将其用于飞行活动的，应当重新申请取得适航许可。

对微型、轻型、小型民用无人驾驶航空器系统进行改装的，应当符合有关强制性国家标准。民用无人驾驶航空器系统的空域保持能力、可靠被监视能力、速度或者高度等出厂性能以及参数发生改变的，其所有者应当及时在无人驾驶航空器一体化综合监管服务平台更新性能、参数信息。

改装民用无人驾驶航空器的，应当遵守改装后所属类别的管理规定。

第十五条 生产、维修、使用民用无人驾驶航空器系统，应当遵守无线电管理法律法规以及国家有关规定。但是，民用无人驾驶航空器系统使用国家无线电管理机构确定的特定无线电频率，且有关无线电发射设备取得无线电发射设备型号核准的，无需取得无线电频率使用许可和无线电台执照。

第十六条 操控小型、中型、大型民用无人驾驶航空器飞行的人员应当具备下列条件，并向国务院民用航空主管部门申请取得相应民用无人驾驶航空器操控员（以下简称操控员）执照：

（一）具备完全民事行为能力；

（二）接受安全操控培训，并经民用航空管理部门考核合格；

（三）无可能影响民用无人驾驶航空器操控行为的疾病病史，无吸毒行为记录；

（四）近 5 年内无因危害国家安全、公共安全或者侵犯公民人身权利、扰乱公共秩序的故意犯罪受到刑事处罚的记录。

从事常规农用无人驾驶航空器作业飞行活动的人员无需取得操控员执照，但应当由农用无人驾驶航空器系统生产者按照国务院民用航空、农业农村主管部门规定的内容进行培训和考核，合格后取得操作证书。

第十七条 操控微型、轻型民用无人驾驶航空器飞行的人员，无需取得操控员执照，但应当熟练掌握有关机型操作方法，了解风险警示信息和有关管理制度。

无民事行为能力人只能操控微型民用无人驾驶航空器飞行，限制民事行为能力人只能操控微型、轻型民用无人驾驶航空器飞行。无民事行为能力人操控微型民用无人驾驶航空器飞行或者限制民事行为能力人操控轻型民用无人驾驶航空器飞行，应当由符合前款规定条件的完全民事行为能力人现场指导。

操控轻型民用无人驾驶航空器在无人驾驶航空器管制空域内飞行的人员，应当具有完全民事行为能力，并按照国务院民用航空主管部门的规定经培训合格。

第三章 空域和飞行活动管理

第十八条 划设无人驾驶航空器飞行空域应当遵循统筹配置、安全高效原则，以隔离飞行为主，兼顾融合飞行需求，充分考虑飞行安全和公众利益。

划设无人驾驶航空器飞行空域应当明确水平、垂直范围和使用时间。

空中交通管理机构应当为无人驾驶航空器执行军事、警察、海关、应急管理飞行任务优先划设空域。

第十九条 国家根据需要划设无人驾驶航空器管制空域（以下简称管制空域）。

真高 120 米以上空域，空中禁区、空中限制区以及周边空域，军用航空超低空飞行空域，以及下列区域上方的空域应当划设为管制空域：

（一）机场以及周边一定范围的区域；

（二）国界线、实际控制线、边境线向我方一侧一定范围的区域；

（三）军事禁区、军事管理区、监管场所等涉密单位以及周边一定范围的区域；

（四）重要军工设施保护区域、核设施控制区域、易燃易爆等危险品的生产和仓储区域，以及可燃重要物资的大型仓储区域；

（五）发电厂、变电站、加油（气）站、供水厂、公共交通枢纽、航电枢纽、重大水利设施、港口、高速公路、铁路电气化线路等公共基础设施以及周边一定范围的区域和饮用水水源保护区；

（六）射电天文台、卫星测控（导航）站、航空无线电导航台、雷达站等需要电磁环境特殊保护的设施以及周边一定范围的区域；

（七）重要革命纪念地、重要不可移动文物以及周边一定范围的区域；

（八）国家空中交通管理领导机构规定的其他区域。

管制空域的具体范围由各级空中交通管理机构按照国家空中交通管理领导机构的规定确定，由设区的市级以上人民政府公布，民用航空管理部门和承担相应职责的单位发布航行情报。

未经空中交通管理机构批准，不得在管制空域内实施无人驾驶航空器飞行活动。

管制空域范围以外的空域为微型、轻型、小型无人驾驶航空器的适飞空域（以下简称适飞空域）。

第二十条　遇有特殊情况，可以临时增加管制空域，由空中交通管理机构按照国家有关规定确定有关空域的水平、垂直范围和使用时间。

保障国家重大活动以及其他大型活动的，在临时增加的管制空域生效24小时前，由设区的市级以上地方人民政府发布公告，民用航空管理部门和承担相应职责的单位发布航行情报。

保障执行军事任务或者反恐维稳、抢险救灾、医疗救护等其他紧急任务的，在临时增加的管制空域生效30分钟前，由设区的市级以上地方人民政府发布紧急公告，民用航空管理部门和承担相应职责的单位发布航行情报。

第二十一条 按照国家空中交通管理领导机构的规定需要设置管制空域的地面警示标志的，设区的市级人民政府应当组织设置并加强日常巡查。

第二十二条 无人驾驶航空器通常应当与有人驾驶航空器隔离飞行。

属于下列情形之一的，经空中交通管理机构批准，可以进行融合飞行：

（一）根据任务或者飞行课目需要，警察、海关、应急管理部门辖有的无人驾驶航空器与本部门、本单位使用的有人驾驶航空器在同一空域或者同一机场区域的飞行；

（二）取得适航许可的大型无人驾驶航空器的飞行；

（三）取得适航许可的中型无人驾驶航空器不超过真高300米的飞行；

（四）小型无人驾驶航空器不超过真高300米的飞行；

（五）轻型无人驾驶航空器在适飞空域上方不超过真高300米的飞行。

属于下列情形之一的，进行融合飞行无需经空中交通管理机构批准：

（一）微型、轻型无人驾驶航空器在适飞空域内的飞行；

（二）常规农用无人驾驶航空器作业飞行活动。

第二十三条 国家空中交通管理领导机构统筹建设无人驾驶航空器一体化综合监管服务平台，对全国无人驾驶航空器实施动态监管与服务。

空中交通管理机构和民用航空、公安、工业和信息化等部门、单位按照职责分工采集无人驾驶航空器生产、登记、使用的有关信息，依托无人驾驶航空器一体化综合监管服务平台共享，并采取相应措施保障信息安全。

第二十四条 除微型以外的无人驾驶航空器实施飞行活动，操控人员应当确保无人驾驶航空器能够按照国家有关规定向无人驾驶航空器一体化综合监管服务平台报送识别信息。

微型、轻型、小型无人驾驶航空器在飞行过程中应当广播式自动发送识别信息。

第二十五条 组织无人驾驶航空器飞行活动的单位或者个人应当遵守

有关法律法规和规章制度，主动采取事故预防措施，对飞行安全承担主体责任。

第二十六条 除本条例第三十一条另有规定外，组织无人驾驶航空器飞行活动的单位或者个人应当在拟飞行前1日12时前向空中交通管理机构提出飞行活动申请。空中交通管理机构应当在飞行前1日21时前作出批准或者不予批准的决定。

按照国家空中交通管理领导机构的规定在固定空域内实施常态飞行活动的，可以提出长期飞行活动申请，经批准后实施，并应当在拟飞行前1日12时前将飞行计划报空中交通管理机构备案。

第二十七条 无人驾驶航空器飞行活动申请应当包括下列内容：

（一）组织飞行活动的单位或者个人、操控人员信息以及有关资质证书；

（二）无人驾驶航空器的类型、数量、主要性能指标和登记管理信息；

（三）飞行任务性质和飞行方式，执行国家规定的特殊通用航空飞行任务的还应当提供有效的任务批准文件；

（四）起飞、降落和备降机场（场地）；

（五）通信联络方法；

（六）预计飞行开始、结束时刻；

（七）飞行航线、高度、速度和空域范围，进出空域方法；

（八）指挥控制链路无线电频率以及占用带宽；

（九）通信、导航和被监视能力；

（十）安装二次雷达应答机或者有关自动监视设备的，应当注明代码申请；

（十一）应急处置程序；

（十二）特殊飞行保障需求；

（十三）国家空中交通管理领导机构规定的与空域使用和飞行安全有关的其他必要信息。

第二十八条 无人驾驶航空器飞行活动申请按照下列权限批准：

（一）在飞行管制分区内飞行的，由负责该飞行管制分区的空中交通管理机构批准；

（二）超出飞行管制分区在飞行管制区内飞行的，由负责该飞行管制区的空中交通管理机构批准；

（三）超出飞行管制区飞行的，由国家空中交通管理领导机构授权的空中交通管理机构批准。

第二十九条 使用无人驾驶航空器执行反恐维稳、抢险救灾、医疗救护等紧急任务的，应当在计划起飞30分钟前向空中交通管理机构提出飞行活动申请。空中交通管理机构应当在起飞10分钟前作出批准或者不予批准的决定。执行特别紧急任务的，使用单位可以随时提出飞行活动申请。

第三十条 飞行活动已获得批准的单位或者个人组织无人驾驶航空器飞行活动的，应当在计划起飞1小时前向空中交通管理机构报告预计起飞时刻和准备情况，经空中交通管理机构确认后方可起飞。

第三十一条 组织无人驾驶航空器实施下列飞行活动，无需向空中交通管理机构提出飞行活动申请：

（一）微型、轻型、小型无人驾驶航空器在适飞空域内的飞行活动；

（二）常规农用无人驾驶航空器作业飞行活动；

（三）警察、海关、应急管理部门辖有的无人驾驶航空器，在其驻地、地面（水面）训练场、靶场等上方不超过真高120米的空域内的飞行活动；但是，需在计划起飞1小时前经空中交通管理机构确认后方可起飞；

（四）民用无人驾驶航空器在民用运输机场管制地带内执行巡检、勘察、校验等飞行任务；但是，需定期报空中交通管理机构备案，并在计划起飞1小时前经空中交通管理机构确认后方可起飞。

前款规定的飞行活动存在下列情形之一的，应当依照本条例第二十六条的规定提出飞行活动申请：

（一）通过通信基站或者互联网进行无人驾驶航空器中继飞行；

（二）运载危险品或者投放物品（常规农用无人驾驶航空器作业飞行活

动除外）；

（三）飞越集会人群上空；

（四）在移动的交通工具上操控无人驾驶航空器；

（五）实施分布式操作或者集群飞行。

微型、轻型无人驾驶航空器在适飞空域内飞行的，无需取得特殊通用航空飞行任务批准文件。

第三十二条　操控无人驾驶航空器实施飞行活动，应当遵守下列行为规范：

（一）依法取得有关许可证书、证件，并在实施飞行活动时随身携带备查；

（二）实施飞行活动前做好安全飞行准备，检查无人驾驶航空器状态，并及时更新电子围栏等信息；

（三）实时掌握无人驾驶航空器飞行动态，实施需经批准的飞行活动应当与空中交通管理机构保持通信联络畅通，服从空中交通管理，飞行结束后及时报告；

（四）按照国家空中交通管理领导机构的规定保持必要的安全间隔；

（五）操控微型无人驾驶航空器的，应当保持视距内飞行；

（六）操控小型无人驾驶航空器在适飞空域内飞行的，应当遵守国家空中交通管理领导机构关于限速、通信、导航等方面的规定；

（七）在夜间或者低能见度气象条件下飞行的，应当开启灯光系统并确保其处于良好工作状态；

（八）实施超视距飞行的，应当掌握飞行空域内其他航空器的飞行动态，采取避免相撞的措施；

（九）受到酒精类饮料、麻醉剂或者其他药物影响时，不得操控无人驾驶航空器；

（十）国家空中交通管理领导机构规定的其他飞行活动行为规范。

第三十三条　操控无人驾驶航空器实施飞行活动，应当遵守下列避让规则：

（一）避让有人驾驶航空器、无动力装置的航空器以及地面、水上交通工具；

（二）单架飞行避让集群飞行；

（三）微型无人驾驶航空器避让其他无人驾驶航空器；

（四）国家空中交通管理领导机构规定的其他避让规则。

第三十四条 禁止利用无人驾驶航空器实施下列行为：

（一）违法拍摄军事设施、军工设施或者其他涉密场所；

（二）扰乱机关、团体、企业、事业单位工作秩序或者公共场所秩序；

（三）妨碍国家机关工作人员依法执行职务；

（四）投放含有违反法律法规规定内容的宣传品或者其他物品；

（五）危及公共设施、单位或者个人财产安全；

（六）危及他人生命健康，非法采集信息，或者侵犯他人其他人身权益；

（七）非法获取、泄露国家秘密，或者违法向境外提供数据信息；

（八）法律法规禁止的其他行为。

第三十五条 使用民用无人驾驶航空器从事测绘活动的单位依法取得测绘资质证书后，方可从事测绘活动。

外国无人驾驶航空器或者由外国人员操控的无人驾驶航空器不得在我国境内实施测绘、电波参数测试等飞行活动。

第三十六条 模型航空器应当在空中交通管理机构为航空飞行营地划定的空域内飞行，但国家空中交通管理领导机构另有规定的除外。

第四章 监督管理和应急处置

第三十七条 国家空中交通管理领导机构应当组织有关部门、单位在无人驾驶航空器一体化综合监管服务平台上向社会公布审批事项、申请办理流程、受理单位、联系方式、举报受理方式等信息并及时更新。

第三十八条　任何单位或者个人发现违反本条例规定行为的，可以向空中交通管理机构、民用航空管理部门或者当地公安机关举报。收到举报的部门、单位应当及时依法作出处理；不属于本部门、本单位职责的，应当及时移送有权处理的部门、单位。

第三十九条　空中交通管理机构、民用航空管理部门以及县级以上公安机关应当制定有关无人驾驶航空器飞行安全管理的应急预案，定期演练，提高应急处置能力。

县级以上地方人民政府应当将无人驾驶航空器安全应急管理纳入突发事件应急管理体系，健全信息互通、协同配合的应急处置工作机制。

无人驾驶航空器系统的设计者、生产者，应当确保无人驾驶航空器具备紧急避让、降落等应急处置功能，避免或者减轻无人驾驶航空器发生事故时对生命财产的损害。

使用无人驾驶航空器的单位或者个人应当按照有关规定，制定飞行紧急情况处置预案，落实风险防范措施，及时消除安全隐患。

第四十条　无人驾驶航空器飞行发生异常情况时，组织飞行活动的单位或者个人应当及时处置，服从空中交通管理机构的指令；导致发生飞行安全问题的，组织飞行活动的单位或者个人还应当在无人驾驶航空器降落后24小时内向空中交通管理机构报告有关情况。

第四十一条　对空中不明情况和无人驾驶航空器违规飞行，公安机关在条件有利时可以对低空目标实施先期处置，并负责违规飞行无人驾驶航空器落地后的现场处置。有关军事机关、公安机关、国家安全机关等单位按职责分工组织查证处置，民用航空管理等其他有关部门应当予以配合。

第四十二条　无人驾驶航空器违反飞行管理规定、扰乱公共秩序或者危及公共安全的，空中交通管理机构、民用航空管理部门和公安机关可以依法采取必要技术防控、扣押有关物品、责令停止飞行、查封违法活动场所等紧急处置措施。

第四十三条　军队、警察以及按照国家反恐怖主义工作领导机构有关规定由公安机关授权的高风险反恐怖重点目标管理单位，可以依法配备无人驾驶航空器反制设备，在公安机关或者有关军事机关的指导监督下从严控制设置和使用。

无人驾驶航空器反制设备配备、设置、使用以及授权管理办法，由国务院工业和信息化、公安、国家安全、市场监督管理部门会同国务院有关部门、有关军事机关制定。

任何单位或者个人不得非法拥有、使用无人驾驶航空器反制设备。

第五章　法律责任

第四十四条　违反本条例规定，从事中型、大型民用无人驾驶航空器系统的设计、生产、进口、飞行和维修活动，未依法取得适航许可的，由民用航空管理部门责令停止有关活动，没收违法所得，并处无人驾驶航空器系统货值金额1倍以上5倍以下的罚款；情节严重的，责令停业整顿。

第四十五条　违反本条例规定，民用无人驾驶航空器系统生产者未按照国务院工业和信息化主管部门的规定为其生产的无人驾驶航空器设置唯一产品识别码的，由县级以上人民政府工业和信息化主管部门责令改正，没收违法所得，并处3万元以上30万元以下的罚款；拒不改正的，责令停业整顿。

第四十六条　违反本条例规定，对已经取得适航许可的民用无人驾驶航空器系统进行重大设计更改，未重新申请取得适航许可并将其用于飞行活动的，由民用航空管理部门责令改正，处无人驾驶航空器系统货值金额1倍以上5倍以下的罚款。

违反本条例规定，改变微型、轻型、小型民用无人驾驶航空器系统的空域保持能力、可靠被监视能力、速度或者高度等出厂性能以及参数，未及时在无人驾驶航空器一体化综合监管服务平台更新性能、参数信息的，由民用航空管理部门责令改正；拒不改正的，处2000元以上2万元以下的罚款。

第四十七条　违反本条例规定，民用无人驾驶航空器未经实名登记实施飞行活动的，由公安机关责令改正，可以处200元以下的罚款；情节严重的，处2000元以上2万元以下的罚款。

违反本条例规定，涉及境外飞行的民用无人驾驶航空器未依法进行国籍登记的，由民用航空管理部门责令改正，处1万元以上10万元以下的罚款。

第四十八条　违反本条例规定，民用无人驾驶航空器未依法投保责任保险的，由民用航空管理部门责令改正，处2000元以上2万元以下的罚款；情节严重的，责令从事飞行活动的单位停业整顿直至吊销其运营合格证。

第四十九条　违反本条例规定，未取得运营合格证或者违反运营合格证的要求实施飞行活动的，由民用航空管理部门责令改正，处5万元以上50万元以下的罚款；情节严重的，责令停业整顿直至吊销其运营合格证。

第五十条　无民事行为能力人、限制民事行为能力人违反本条例规定操控民用无人驾驶航空器飞行的，由公安机关对其监护人处500元以上5000元以下的罚款；情节严重的，没收实施违规飞行的无人驾驶航空器。

违反本条例规定，未取得操控员执照操控民用无人驾驶航空器飞行的，由民用航空管理部门处5000元以上5万元以下的罚款；情节严重的，处1万元以上10万元以下的罚款。

违反本条例规定，超出操控员执照载明范围操控民用无人驾驶航空器飞行的，由民用航空管理部门处2000元以上2万元以下的罚款，并处暂扣操控员执照6个月至12个月；情节严重的，吊销其操控员执照，2年内不受理其操控员执照申请。

违反本条例规定，未取得操作证书从事常规农用无人驾驶航空器作业飞行活动的，由县级以上地方人民政府农业农村主管部门责令停止作业，并处1000元以上1万元以下的罚款。

第五十一条　组织飞行活动的单位或者个人违反本条例第三十二条、第三十三条规定的，由民用航空管理部门责令改正，可以处1万元以下的罚款；拒不改正的，处1万元以上5万元以下的罚款，并处暂扣运营合格证、操控员执照1个月至3个月；情节严重的，由空中交通管理机构责令停止飞行6

个月至12个月，由民用航空管理部门处5万元以上10万元以下的罚款，并可以吊销相应许可证件，2年内不受理其相应许可申请。

违反本条例规定，未经批准操控微型、轻型、小型民用无人驾驶航空器在管制空域内飞行，或者操控模型航空器在空中交通管理机构划定的空域外飞行的，由公安机关责令停止飞行，可以处500元以下的罚款；情节严重的，没收实施违规飞行的无人驾驶航空器，并处1000元以上1万元以下的罚款。

第五十二条 违反本条例规定，非法拥有、使用无人驾驶航空器反制设备的，由无线电管理机构、公安机关按照职责分工予以没收，可以处5万元以下的罚款；情节严重的，处5万元以上20万元以下的罚款。

第五十三条 违反本条例规定，外国无人驾驶航空器或者由外国人员操控的无人驾驶航空器在我国境内实施测绘飞行活动的，由县级以上人民政府测绘地理信息主管部门责令停止违法行为，没收违法所得、测绘成果和实施违规飞行的无人驾驶航空器，并处10万元以上50万元以下的罚款；情节严重的，并处50万元以上100万元以下的罚款，由公安机关、国家安全机关按照职责分工决定限期出境或者驱逐出境。

第五十四条 生产、改装、组装、拼装、销售和召回微型、轻型、小型民用无人驾驶航空器系统，违反产品质量或者标准化管理等有关法律法规的，由县级以上人民政府市场监督管理部门依法处罚。

除根据本条例第十五条的规定无需取得无线电频率使用许可和无线电台执照的情形以外，生产、维修、使用民用无人驾驶航空器系统，违反无线电管理法律法规以及国家有关规定的，由无线电管理机构依法处罚。

无人驾驶航空器飞行活动违反军事设施保护法律法规的，依照有关法律法规的规定执行。

第五十五条 违反本条例规定，有关部门、单位及其工作人员在无人驾驶航空器飞行以及有关活动的管理工作中滥用职权、玩忽职守、徇私舞弊或者有其他违法行为的，依法给予处分。

第五十六条 违反本条例规定，构成违反治安管理行为的，由公安机关依法给予治安管理处罚；构成犯罪的，依法追究刑事责任；造成人身、财产或者其他损害的，依法承担民事责任。

第六章　附　则

第五十七条　在我国管辖的其他空域内实施无人驾驶航空器飞行活动，应当遵守本条例的有关规定。

无人驾驶航空器在室内飞行不适用本条例。

自备动力系统的飞行玩具适用本条例的有关规定，具体办法由国务院工业和信息化主管部门、有关空中交通管理机构会同国务院公安、民用航空主管部门制定。

第五十八条　无人驾驶航空器飞行以及有关活动，本条例没有规定的，适用《中华人民共和国民用航空法》、《中华人民共和国飞行基本规则》、《通用航空飞行管制条例》以及有关法律、行政法规。

第五十九条　军用无人驾驶航空器的管理，国务院、中央军事委员会另有规定的，适用其规定。

警察、海关、应急管理部门辖有的无人驾驶航空器的适航、登记、操控员等事项的管理办法，由国务院有关部门另行制定。

第六十条　模型航空器的分类、生产、登记、操控人员、航空飞行营地等事项的管理办法，由国务院体育主管部门会同有关空中交通管理机构，国务院工业和信息化、公安、民用航空主管部门另行制定。

第六十一条　本条例施行前生产的民用无人驾驶航空器不能按照国家有关规定自动向无人驾驶航空器一体化综合监管服务平台报送识别信息的，实施飞行活动应当依照本条例的规定向空中交通管理机构提出飞行活动申请，经批准后方可飞行。

第六十二条　本条例下列用语的含义：

（一）空中交通管理机构，是指军队和民用航空管理部门内负责有关责任区空中交通管理的机构。

（二）微型无人驾驶航空器，是指空机重量小于0.25千克，最大飞行真高不超过50米，最大平飞速度不超过40千米/小时，无线电发射设备符合微功率短距离技术要求，全程可以随时人工介入操控的无人驾驶航空器。

（三）轻型无人驾驶航空器，是指空机重量不超过4千克且最大起飞重量不超过7千克，最大平飞速度不超过100千米/小时，具备符合空域管理要求的空域保持能力和可靠被监视能力，全程可以随时人工介入操控的无人驾驶航空器，但不包括微型无人驾驶航空器。

（四）小型无人驾驶航空器，是指空机重量不超过15千克且最大起飞重量不超过25千克，具备符合空域管理要求的空域保持能力和可靠被监视能力，全程可以随时人工介入操控的无人驾驶航空器，但不包括微型、轻型无人驾驶航空器。

（五）中型无人驾驶航空器，是指最大起飞重量不超过150千克的无人驾驶航空器，但不包括微型、轻型、小型无人驾驶航空器。

（六）大型无人驾驶航空器，是指最大起飞重量超过150千克的无人驾驶航空器。

（七）无人驾驶航空器系统，是指无人驾驶航空器以及与其有关的遥控台（站）、任务载荷和控制链路等组成的系统。其中，遥控台（站）是指遥控无人驾驶航空器的各种操控设备（手段）以及有关系统组成的整体。

（八）农用无人驾驶航空器，是指最大飞行真高不超过30米，最大平飞速度不超过50千米/小时，最大飞行半径不超过2000米，具备空域保持能力和可靠被监视能力，专门用于植保、播种、投饵等农林牧渔作业，全程可以随时人工介入操控的无人驾驶航空器。

（九）隔离飞行，是指无人驾驶航空器与有人驾驶航空器不同时在同一空域内的飞行。

（十）融合飞行，是指无人驾驶航空器与有人驾驶航空器同时在同一空域内的飞行。

（十一）分布式操作，是指把无人驾驶航空器系统操作分解为多个子业务，部署在多个站点或者终端进行协同操作的模式。

（十二）集群，是指采用具备多台无人驾驶航空器操控能力的同一系统或者平台，为了处理同一任务，以各无人驾驶航空器操控数据互联协同处理为特征，在同一时间内并行操控多台无人驾驶航空器以相对物理集中的方式进行飞行的无人驾驶航空器运行模式。

（十三）模型航空器，也称航空模型，是指有尺寸和重量限制，不能载人，不具有高度保持和位置保持飞行功能的无人驾驶航空器，包括自由飞、线控、直接目视视距内人工不间断遥控、借助第一视角人工不间断遥控的模型航空器等。

（十四）无人驾驶航空器反制设备，是指专门用于防控无人驾驶航空器违规飞行，具有干扰、截控、捕获、摧毁等功能的设备。

（十五）空域保持能力，是指通过电子围栏等技术措施控制无人驾驶航空器的高度与水平范围的能力。

第六十三条　本条例自 2024 年 1 月 1 日起施行。

参考文献

[1] 戴凤智，王璇，马文飞. 四旋翼无人机的制作与飞行. 北京：化学工业出版社，2018.

[2]《中国大百科全书》总编委会. 中国大百科全书. 北京：中国大百科全书出版社，2009.

[3] 石先闯，王丽娜. 小流域水土流失治理无人机技术应用研究. 水利技术监督，2023（02）：46-53.

[4] 李明生，张德钦，江振钰. 无人机技术在输配电巡检中应用. 流体测量与控制，2023，4（01）：63-66.

[5] 辛冀，董圣华，刘毅，等. 六旋翼无人机的飞行力学建模研究. 飞行力学，2016，34（06）：10-14.

[6] 张伟，张三乐，宋小康，等. 四旋翼无人机的运动控制与轨迹规划. 西安文理学院学报：自然科学版，2023，26（04）：40-48.

[7] 申旺，邹树梁，邓骞. 六旋翼动力学建模及PID定点悬停控制仿真. 机械研究与应用，2020，33（05）：27-30，34.

[8] 甄红涛，齐晓慧，夏明旗，等. 四旋翼无人直升机飞行控制技术综述. 飞行力学，2012，30（04）：295-299.